"十三五"国家重点出版物出版规划项目

面向可持续发展的土建类工程教育丛书

基 坑 工 程

主编　木林隆　赵　程
参编　陈尚荣　谷志旺　张一鸣　曹　杰

机械工业出版社

随着地下空间的开发利用，基坑工程相关专业知识需求剧增，本书基于同济大学二十余年的"基坑工程"课程教学成果编写而成，本书体现了全方位的基坑工程设计和施工的知识体系，内容包括基坑工程选型及设计原则、土压力、土钉墙、水泥土重力式围护墙、锚杆、地下连续墙、排桩、内支撑系统、基坑土体加固、基坑降排水、基坑监测，并编写了基坑工程相应围护结构的案例。

本书可作为高等院校土木工程专业基坑工程相关课程的教材，也可作为专业技术人员了解和查询基坑工程设计和施工基本要点的工具书。

本书针对重点、难点配有二维码链接相关视频。配套的授课PPT等教学资源，免费提供给选用本书的授课教师，需要者请登录机械工业出版社教育服务网（www.cmpedu.com）注册后下载。

图书在版编目（CIP）数据

基坑工程/木林隆，赵程主编. —北京：机械工业出版社，2021.5（2023.12重印）

（面向可持续发展的土建类工程教育丛书）

"十三五"国家重点出版物出版规划项目

ISBN 978-7-111-68225-7

Ⅰ.①基…　Ⅱ.①木…②赵…　Ⅲ.①基坑工程–高等学校–教材　Ⅳ.①TU46

中国版本图书馆CIP数据核字（2021）第088207号

机械工业出版社（北京市百万庄大街22号　邮政编码100037）

策划编辑：李　帅　责任编辑：李　帅　高凤春

责任校对：张晓蓉　封面设计：张　静

责任印制：单爱军

北京虎彩文化传播有限公司印刷

2023年12月第1版第4次印刷

184mm×260mm·11.25印张·271千字

标准书号：ISBN 978-7-111-68225-7

定价：35.90元

电话服务　　　　　　　　　　　网络服务

客服电话：010-88361066　　　机　工　官　网：www.cmpbook.com

　　　　　010-88379833　　　机　工　官　博：weibo.com/cmp1952

　　　　　010-68326294　　　金　书　网：www.golden-book.PPT

封底无防伪标均为盗版　　机工教育服务网：www.cmpedu.com

前　言

党的二十大报告指出："优化基础设施布局、结构、功能和系统集成，构建现代化基础设施体系。""提高城市规划、建设、治理水平，加快转变超大特大城市发展方式，实施城市更新行动，加强城市基础设施建设，打造宜居、韧性、智慧城市。"随着我国对地下空间的开发利用，基坑工程应用得越来越多，基坑工程设计和施工需求的知识和面临的问题也成了目前工程建设中的热点。

基坑工程是土木工程中一门综合性较强的课程，既涉及土力学中的强度、变形和渗流理论，以及结构中的稳定、强度和变形知识，也涉及土-结构相互作用理论以及测试技术、施工技术等。同时，基坑工程也是一门系统性和应用性较强的课程。

编者在土木工程本科工程教育培养目标和思想的指导下，融入了课程思政教育理念，总结了同济大学二十余年的"基坑工程"课程教学经验和基坑工程设计施工单位对相关工作人员知识和能力的要求，梳理了有利于基坑工程教学的相关内容，从基础理论到具体应用再到施工要点，将基础理论和规范实用要求结合起来，旨在编写一本既适用于本科教学又适应工程应用的教材。

本书第 1~3 章为基坑工程设计涉及的总体概念、选型设计及土压力计算，第 4~10 章为典型基坑围护结构的设计和施工的相关理论和概念，第 11、12 章为基坑必要的辅助措施。这样的安排有助于学生在学习完这门课程之后，能够具有较强的解决实际问题的能力。基坑工程具有较强的地区性特点，本书虽然结合了较多的设计和施工单位的经验，但是这些经验主要针对的是软土工程中的基坑，各地在教学过程中，可适当有选择性地讲授其中的通用内容。

本书由同济大学土木工程学院地下建筑与工程系木林隆、赵程主编，上海地矿工程勘察有限公司陈尚荣、上海建工四建集团有限公司谷志旺、河北工业大学张一鸣、机械工业勘察设计研究院有限公司曹杰参编。本书在编写过程中参考并引用了诸多文献，在此谨向原作者致以感谢。由于编者水平有限，错误之处在所难免，敬请读者批评指正，以便做进一步的修改与补充。

编　者

目　录

第1章 绪 论

随着经济发展，地下空间得到大力开发，诸如地下铁道、地下车站、地下停车库、地下商场、地下变电站、地下仓库、地下民防工事等，大量地下结构遍布在每一个城市的角角落落。近年来在北京、上海、广州等城市陆续建造了大批的大型地下市政设施。

地下结构的施工都要涉及基坑开挖问题。随着城市地下空间开发规模的扩大，基坑的开挖深度也越来越大，基坑深度超过20m的工程，近年来大量出现。如天津津塔基坑开挖深度为23.5m，上海世博园500kV地下变电站开挖深度为34m，上海深隧项目开挖深度为58.65m。

由于城市发展需求，深大基坑往往都位于建筑密集的城市中心，基坑工程周围布满地下管线、建筑物、交通干道、地铁隧道等各种地下构筑物，施工场地狭小、地质条件复杂、施工作业难度大、周边设施环境保护要求高，基坑工程的设计和施工难度越来越大，工程建设的安全生产的形势严峻。

■ 1.1 基坑工程的定义

基坑是在基础设计位置按基底标高和基础平面尺寸所开挖的土坑。

基坑工程是一个系统工程，包括勘察、设计、施工、监测等内容。勘察设计方面，主要包含岩土工程勘察、基坑支护结构的设计、地下水控制等。施工方面，涉及各种支护结构的施工工艺、施工方法等。工程监测方面，不仅有对支护结构本身的监测，还有对周围环境的监测。

■ 1.2 基坑工程的作用

基坑工程最基本的作用是为了给地下工程开挖创造条件，为地下工程施工提供施工空间，包括满足地下工程施工有足够空间的要求，保证基坑四周边坡的稳定性，相邻建筑物、构筑物和地下管线不受损害的安全空间的要求，保证基坑工程施工作业面在地下水位以上的干燥空间的要求。

基坑工程的作用

基坑工程是为地下工程的施工提供作业场地，所以基坑围护结构是临时性的，地下工程施工结束就意味着围护结构的使命结束。为了节省费用，人们尝试将基坑围护结构的部分或者全部作为主体结构的一部分,将围护结构做成地下室的外墙的一部分或全部,采用分离式、叠合式、融合式等方式与地下室外墙结合在一起或完全作为地下室的外墙。围护结构作为主体结构的一部分或全部,改变了围护结构仅作为临时结构的作用,围护结构也具备了永久结构的功能。

基坑工程的特点

■ 1.3 基坑工程的特点

1. 风险性大

基坑支护体系是临时性结构,除了少数"两墙合一"的支护结构是按较高的安全储备设计之外,大部分的支护结构在设计计算时,部分荷载未加考虑,如地震荷载,除特殊要求外水平荷载也只按主动土压力考虑,相对于永久性结构而言,在强度、变形、防渗、耐久性等方面的要求会低一些,安全储备较小。所以基坑工程具有较大的风险性,对设计、施工和监测的要求更高。

2. 区域性强

场地的工程地质条件和水文地质条件对基坑工程性状具有极大的影响。我国幅员辽阔,地质条件变化大,软土、砂性土、黄土、岩石等地基中的基坑工程所采用的围护结构体系差异很大,即使是同种土层,由于含水量不同、地下水的水位不同、是否有承压水等,对基坑工程的性状影响差异也很大。围护结构体系的设计、基坑的施工均要根据具体的地质条件因地制宜,不同地区的经验只供参考借鉴。

3. 环境条件影响大

基坑工程围护结构体系受到周围建筑物和地下管线等的影响,根据周边环境的重要性选择基坑工程设计方案,决定是依据基坑本身的稳定性控制或是变形控制。若周围环境复杂,周边建(构)筑物重要性高,基坑设计需要按照变形控制进行;若基坑处于空旷地区,支护结构的变形不会对周边环境产生不良影响,基坑设计可按稳定性控制进行。

4. 综合性强

基坑工程的设计和施工不仅需要岩土工程方面的知识,也需要结构工程方面的知识。设计计算理论的不完善和施工中的不确定因素会增加基坑工程失效的风险,所以,需要设计、施工人员具有丰富的现场实践经验。

5. 计算理论不完善

基坑工程的复杂性还体现在其计算分析理论的不成熟上,例如:土压力计算不准确、土体本构关系不完善等。

作用在基坑围护结构上的土压力不仅与位移大小、方向有关,还与作用时间有关。目前,应用于工程的土压力理论还不完善,实际设计计算中往往采用经验取值,或者按照朗肯土压力理论或库仑土压力理论计算,然后再根据经验进行修正,而实际土压力往往取决于位移。

目前土体本构关系常用的有弹性模型、摩尔—库仑模型、邓肯—张模型、剑桥模型、硬化模型等,但是几乎所有本构模型都具有一定的限制,无法准确反映不同土体的所有响应。

6. 时空效应强

基坑工程具有明显的时空效应。时空效应指基坑支护结构的变形和周边地层的变形随时间推移而发展，也因开挖的空间尺度、开挖后的坑底暴露面积而不同。土体所具有的流变性对作用于围护结构上的土压力、土坡的稳定性和围护结构变形等有很大的影响。

■ 1.4 基坑设计与施工的基本要求

基坑设计要求

1.4.1 设计的基本要求

1. 安全可靠

基坑工程的作用是为地下工程的敞开开挖施工创造条件，首先必须确保基坑工程本体的安全，为地下结构的施工提供安全的施工空间；其次，基坑施工必然会产生变形，可能会影响周边的建筑物、地下构筑物和管线的正常使用，甚至会危及周边环境的安全，所以基坑工程施工必须要确保周围环境的安全。

2. 经济合理

基坑围护结构体系作为一种临时性结构，在地下结构施工完成后即完成使命，因此在确保基坑本体安全和周边环境安全的前提条件下，尽可能降低工程费用，从工期、材料、设备、人工以及环境保护等多方面综合研究经济合理性。

3. 技术可行

基坑围护结构设计不仅要符合基本的力学原理，而且要能够经济、便利地实施，例如设计方案是否与施工机械相匹配（如地下连续墙的分幅宽度是否与成槽设备的宽度相匹配），施工机械是否具有足够的施工能力（如地下连续墙成槽机械的成槽深度、搅拌桩施工机械的有效施工深度），费用是否经济，支撑是否可以租赁等。

4. 施工便利

基坑的作用既然是为地下结构提供施工空间，就必须在安全可靠、经济合理的原则下，最大限度地满足便利施工的要求，尽可能采用合理的围护结构方案减少对施工的影响，保证施工工期（如在由塔楼和裙房组成的建筑物群的基坑工程设计中，采用边桁架方式在塔楼处营造较大的施工空间，便于控制总工期的塔楼快速出地面，减少总工期）。

1.4.2 施工的基本要求

1. 环境保护

基坑开挖卸载带来的地层的沉降和水平位移会给周围建筑物、构筑物、道路、管线及地下设施产生影响。因此，在基坑围护结构、支撑及开挖施工时，必须对周围环境进行周密调查，采取措施将基坑施工对周围环境的影响限制在允许范围内。

2. 风险可控

在地下结构施工的过程中，均存在着各种风险，必须在施工前进行风险界定、风险辨识、风险分析、风险评价，对各种等级的风险分别采取风险消除、风险降低、风险转移和风险自留的处置方式解决。在施工中进行动态风险评估，动态跟踪，动态处理。在施工过程中，可以采用安全监控手段、安全管理体系、应急处置措施确保基坑工程的安全，为地下结构的施工创造一个安全的施工环境，减少工程事故。

3. 工期保证

采用合理的施工组织设计，提高施工效率，协调与主体结构的施工关系，满足主体结构施工工期要求。

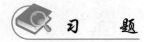

1. 什么是基坑工程？
2. 基坑工程的主要特点是什么？

第2章 基坑工程选型及设计原则

在开展基坑工程的总体方案设计时，应首先对基坑工程在安全性、周边环境保护以及技术经济方面的要求进行充分研究。同时，基坑支护结构方案设计也应利于节约资源，符合可持续发展的要求，实现综合的经济效益和社会效益。

■ 2.1 资料准备

基坑工程总体方案应根据工程地质与水文地质条件、环境条件、施工条件以及基坑使用要求与基坑规模等，通过技术与经济性比较确定。

基坑工程总体方案设计时应具备下列资料：

1) 岩土工程勘察报告。
2) 建筑总平面图（用以确定基坑与红线、周边环境之间的距离关系）。
3) 各层建筑、结构平面图。
4) 建筑剖面图。
5) 基础结构与桩基设计资料。
6) 影响区内保护结构图纸。

基坑现场的施工条件也是支护结构设计的重要依据，主要应考虑以下问题：

1) 工程所在地的施工经验与施工能力。基坑支护结构设计方案应确保有与之相匹配的施工技术保障，设计技术员应尽可能因地制宜地确定设计方案，使方案与当地的施工技术水平、施工习惯相匹配。

2) 场地周边对施工期间在交通组织、噪声、振动以及工地形象等方面的要求。

3) 当地政府对施工的有关管理规定，如对于土方运输时间、爆破（内支撑拆除）等方面的规定。

4) 场地内部对土方、材料运输及材料堆放等方面的要求。在场地狭小、难以提供足够的场地展开施工作业时基坑支护设计一般应考虑采用易于结合设置施工栈桥和施工平台的方案或考虑分区开挖实施的方案。

2.1.1 设计资料

1. 工程地质与水文地质资料

基坑支护结构的设计、施工，首先要阅读和分析工程地质勘察报告，了解土层分布情况及其物理性质、力学性质、水文地质情况等。工程地质与水文地质条件是进行基坑支护结构设计、坑内地基加固设计、降水设计、土方开挖等的依据。基坑工程的岩土勘察一般并不单独进行，而是与主体工程的地基勘察同步进行，因此勘察方案及勘察工作量应根据主体工程和基坑工程的设计与施工要求统一制定。在进行基坑工程的岩土勘察前，委托方应提供基本的工程资料和设计对勘察的技术要求、建设场地及周边的地下管线和设施资料，以及可能采用的支护方式、施工工艺要求等。

（1）工程地质勘察要求 基坑工程勘察一般要求勘探点沿基坑周边布置，基坑主要的转角处应当设置控制性勘探孔，同时基坑内部也需要设置勘察孔。勘察的平面范围宜超出开挖边界外开挖深度的2~3倍。视土层的均匀程度、工程的规模等情况，基坑工程相邻勘探孔的间距一般为20~50m。当相邻勘探孔揭露的地层变化较大并影响到基坑设计或施工方案选择时，可以进一步加密勘探孔，但相邻勘探孔间距不宜小于10m。

勘探孔深度应根据场地地质条件确定，一般可取基坑开挖深度的2.0~2.5倍，当基底以下为密实的砂层、卵石层或基岩时，勘察孔的深度可视具体情况减小，但均应满足不同基础类型、施工工艺及基坑稳定性验算对孔深的要求。

场地浅层土的性质对围护桩的成孔施工有较大的影响，因此应予详细查明。可在沿基坑周边布置小螺纹钻孔，孔间距可为10~15m。发现暗浜及厚度较大的杂填土等不良地质现象时，可加密孔距，控制其边界的孔距宜为2~3m，场地条件许可时宜将探摸范围适当外延，探摸深度应进入正常土层不少于0.5m。当场地地表下存在障碍物而无法按要求完成浅层勘察时，可在施工清障后进行施工勘察。

基坑工程设计和施工所需提供的勘探资料和土工参数见表2-1。

表 2-1 基坑工程设计和施工所需提供的勘探资料和土工参数

类别	参 数	类别	参 数
土层特性	标高	力学性质	压缩系数 a
	层厚		压缩模量 E_s
	土层层号与名称		回弹模量 E_{ur}
	土层描述		先期固结压力 p_c
物理性质	颗粒级配		超固结比 OCR
	不均匀系数 $C_u = d_{60}/d_{10}$		压缩指数 C_c
	天然含水量 w		回弹指数 C_s
	饱和度 S_r		内摩擦角 φ（总应力及有效应力指标）
	天然重度 γ		黏聚力 c（总应力及有效应力指标）
	比重 G		无侧限抗压强度 q_u
	塑限 w_P		灵敏度 S_t
	液限 w_L		静止土压力系数 K_0
	塑性指数 I_P		十字板剪切强度 s_u
	液性指数 I_L		标贯击数 N
	孔隙比 e		比贯入阻力 p_s
渗透特性	渗透系数 k_v、k_h		侧向基床系数 K 或比例系数 m

（2）水文地质勘察要求　勘察应提供场地内滞水、潜水、裂隙水以及承压水等的有关参数，包括埋藏条件、地下水位、土层的渗流特性及产生管涌、流砂的可能性。

当地下水有可能与邻近地表水水体连通时，应查明其补给条件、水位变化规律。当基坑坑底以下有承压水时，应测量其水头高度和含水层界面。对于开挖过程中需要进行降压降水的基坑工程，为了解和控制承压水降压降水可能引起的坑外土体沉降，应开展必要的承压水抽水试验工作。当地下水有腐蚀性时，应查明其污染源和地下水流向。

2. 地下障碍物

勘察应提供基坑及围护墙边界附近场地填土、暗浜及地下障碍物等不良地质现场的分布范围与深度，并反映其对基坑的影响情况。常见的地下障碍物如下：

1）回填的工业或建筑垃圾。

2）既有建筑物的地下室、浅基础或桩基础。

3）废弃的人防工程、管道、隧道、风井等。

2.1.2　工程的施工条件

基坑现场的施工条件也是基坑工程设计的重要依据，主要有以下几个方面：

1）根据施工现场所处地段的交通、行政、商业及特殊情况，了解是否允许在整个施工期间进行全封闭施工或阶段性封闭施工。如工地处于交通要道处等，政府部门给予场地的封闭时间是有限的、阶段性的，则基坑开挖施工必须采用逆作法、部分逆作或分区施工，以满足交通要求。

2）了解所处地段是否对基坑围护结构及开挖、支撑施工的噪声和振动有限制，以决定是否可采用锤击式打入桩及爆破方式进行围护桩施工和支撑拆除。

3）了解所处地段基坑开挖施工是否有场地可供钢筋制作、施工设备停放、施工车辆进出及布置车道和土方材料堆场。如果场地不能满足常规的基坑施工要求，则必须采用分区开挖逆作法施工。

4）了解当地的常规施工方法和施工单位的施工设备、施工技术，在安全、可靠、经济、合理的前提下，因地制宜确定设计方案，使设计能与当地的施工方法、设备技术相适应。

2.1.3　本地经验

调研和吸取当地相似基坑工程的成功与失败的原因、经验和教训。在基坑工程设计中应以此为重要设计依据。特别在进行异地设计、施工时，必须注意。

■ 2.2　基坑方案选型要求

2.2.1　安全性要求

由于影响基坑工程的不确定性因素众多，基坑工程又是一项风险性很大的工程，稍有不慎就可能酿成巨大的工程事故。因此，确保基坑工程的安全是总体方案设计的首要目标。应结合工程当地的施工经验与技术能力进行具体分析，选择成熟、可靠的总体设计方案；设计时确保满足规范与工程对支护结构的承载能力、稳定性与变形计算（验算）的要求；并对施工工艺、挖土、降水等各环节进行充分的研究和论证，选择在工程所在地成熟、可靠的施工方案，降低基坑工程的风险。

2.2.2 环境保护要求

大型基坑工程周边一般都分布有建（构）筑物、地下管线、市政道路等环境保护对象。当基坑邻近轨道交通设施、保护建筑、共同管沟等敏感而重要的保护对象时，环境保护要求更为严格。当基坑周边存在环境保护对象时，要在充分了解环境保护对象的保护要求与变形控制要求的基础上，使基坑的变形能满足环境保护对象的变形控制要求，必要时在基坑内、外采取适当的加固与加强措施，减小基坑支护结构的变形。

2.2.3 经济性要求

基坑工程多采用临时性的支护结构，在确保基坑工程安全性与变形控制要求的前提下，尽可能地降低基坑工程造价，是设计人员必须关注的重要问题。不同的基坑工程总体方案对工程工期会有较大的影响，对项目开发所产生的经济性差异也不容忽视。对于某些项目，不同设计方案引起的工期变化对项目开发的经济性影响甚至会超过方案的直接工程量差异。基坑工程总体方案设计应采取合理、有效的支护结构形式与技术措施以控制工程造价和实现工期目标，必要时，对于技术上均可行的多个设计方案，应从工程量、工期、对主体建筑的影响等角度进行定性、定量的分析和对比，以确定最适合的方案。在工程量方面，一般应综合比较支护结构的工程费用、土方开挖、降水与监测等工程费用以及施工技术措施费；在工期方面，应比较工期的长短及由其带来的经济性差异；在基坑设计方案对主体建筑的影响方面，主要考虑不同基坑围护结构占地要求对主体结构建筑面积的影响，以及对主体结构的防水、承载能力等方面的影响。

2.2.4 可持续发展要求

基坑工程属于能耗高、污染较大的行业：基坑支护结构需要大量的水泥、砂、石子、钢材等；工程实施过程中会产生渣土、泥浆、噪声等污染；混凝土支撑拆除后将形成大量的建筑垃圾；基坑降水会消耗地下水资源并造成地面沉降等不良后果；基坑支护结构、加固体留在土体内部，将来可能形成难以清除的地下障碍物。因此，在基坑工程的方案设计中，应考虑到基坑工程的可持续发展，尽量采取措施节约社会资源，降低能耗。可采取的技术措施包括围护结构不得出红线、减小支护结构工程量、尽量采用可重复利用的材料（如钢支撑、SMW 工法围护等）、废泥浆的利用、在可能的情况下采用支护结构与主体结构相结合的方案等，以减少工程开发对社会的不利影响和对环境的破坏。

■ 2.3 总体方案选型

基坑支护总体方案的选择直接关系到工程造价、施工进度及周围环境的安全。总体方案主要有顺作法和逆作法两类基本形式，它们具有各自鲜明的特点。在同一个基坑工程中，顺作法和逆作法可以在不同的基坑区域组合使用,从而在特定条件下满足工程的技术经济性要求。基坑工程的总体支护方案分类如图 2-1 所示。

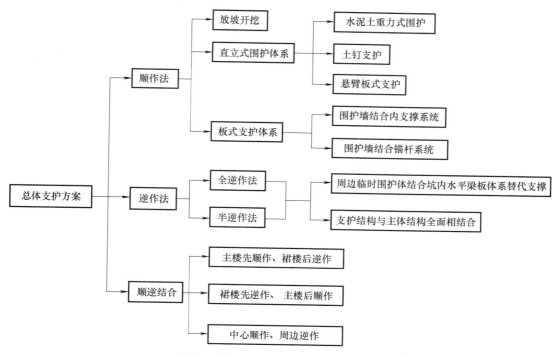

图 2-1 基坑工程的总体支护方案分类

2.3.1 顺作法方案

顺作法是指先施工周边围护结构,然后由上而下分层开挖,并依次设置水平支撑或锚杆系统,开挖至坑底后,再由下而上施工主体地下结构基础底板、竖向墙柱构件及水平楼板构件,并按一定的顺序拆除水平支撑系统,进而完成地下结构施工的过程。当不设支护结构而

顺作法方案

直接采用放坡开挖时,先直接放坡开挖至坑底,然后自下而上依次施工地下结构。

顺作法是基坑工程的传统开挖施工方法,施工工艺成熟,支护结构体系与主体结构相对独立,相比逆作法,其设计、施工均比较便捷。由于是传统工艺,对施工单位的管理和技术水平的要求相对较低,施工单位的选择面较广。另外顺作法相对于逆作法而言,其基坑支护结构的设计与主体设计关联性较低,受主体设计进度的制约小,基坑工程有条件尽早开工。

顺作法常用的总体方案包括放坡开挖、直立式围护体系和板式支护体系三大类;其中直立式围护体系又可分为水泥土重力式围护、土钉支护和悬臂板式支护;板式支护体系又包括围护墙结合内支撑系统和围护墙结合锚杆系统两种形式。

1. 放坡开挖

放坡开挖一般适用于浅基坑。由于基坑敞开式施工,因此工艺简便、造价经济、施工进度快。但这种施工方式要求具有足够的放坡施工场地。放坡开挖示意图如图 2-2 所示。

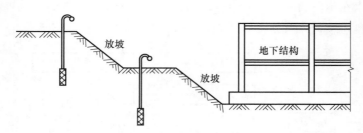

图 2-2　放坡开挖示意图

2. 直立式围护体系

（1）水泥土重力式围护和土钉支护　采用水泥土重力式围护和土钉支护的直立式围护体系经济性较好，由于基坑内部开敞，土方开挖和地下结构的施工均比较便捷。但直立式围护体系需要占用较宽的场地空间，因此设计时应考虑红线的限制。此外，设计时应充分研究工程地质条件与水文地质条件的适用性。由于围护体系施工质量难以进行直观的监督，易引起施工质量不佳问题，从而导致环境变形乃至工程事故。水泥土重力式围护和土钉支护的示意图分别如图 2-3 和图 2-4 所示。

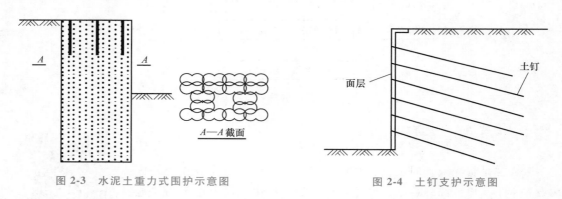

图 2-3　水泥土重力式围护示意图　　　　　图 2-4　土钉支护示意图

（2）悬臂板式支护　图 2-5 所示为双排桩围护的剖面示意图，图 2-6 所示为格形地下连续墙支护的平面示意图。

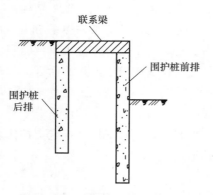

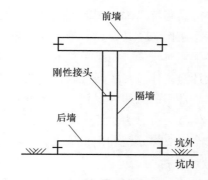

图 2-5　双排桩围护的剖面示意图　　　图 2-6　格形地下连续墙支护的平面示意图

　　悬臂板式支护可用于必须敞开式开挖，但对围护体系占地宽度有一定限制的基坑工程。其采用具有一定刚度的板式支护体，如钻孔灌注桩或地下连续墙。单排悬臂灌注桩支护一般用于浅基坑，在工程实践中，由于其变形较大，材料性能难以充分发挥，经济性不好，应用范围很小。双排桩、格形地下连续墙等围护墙形式所构成的悬臂板式支护体系适用于中等开挖深度且对围护变形有一定控制要求的基坑工程。

3. 板式支护体系

　　板式支护体系由围护墙和内支撑（或锚杆）组成，围护墙的种类较多，包括地下连续墙、灌注排桩围护墙、型钢水泥土搅拌墙、钢板桩围护墙及钢筋混凝土板桩围护墙等。内支撑可采用钢支撑或钢筋混凝土支撑。

　　（1）围护墙结合内支撑系统　在基坑周边环境条件复杂、变形控制要求高的软土地区，围护墙结合内支撑系统是常用的、成熟的支护形式。当基坑面积不大时，其技术经济性较好。但当基坑面积达到一定规模时，由于需设置和拆除大量的临时支撑，因此经济性较差。此外，支撑体系拆除时围护墙会发生二次变形，拆除支撑爆破以及拆除支撑后废弃的混凝土碎块也会对环境产生不利影响。典型的围护墙结合内支撑系统示意图如图2-7所示。

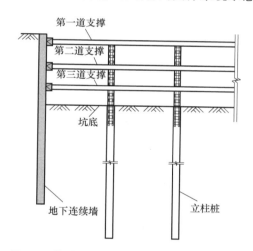

图 2-7　典型的围护墙结合内支撑系统示意图

　　当基坑开挖深度较浅时，可采用图2-8所示的围护墙结合斜支撑形式。

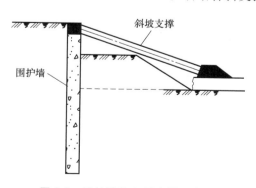

图 2-8　围护墙结合斜支撑示意图

（2）围护墙结合锚杆系统　围护墙结合锚杆系统采用锚杆支承作用在围护墙上的侧压力，适用于大面积的基坑工程。基坑敞开式开挖，为挖土和地下结构施工提供了极大的便利，可缩短工期，经济效益良好。锚杆需依赖土体本身的强度提供锚固力，因此土体的强度越高，锚固效果越好，反之越差，因此这种支护方式不适用于软弱地层。当锚杆的施工质量不好时，可能会产生较大的地表沉降。围护墙结合锚杆系统的典型剖面如图 2-9 所示。

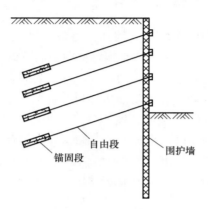

图 2-9　围护墙结合锚杆系统的典型剖面图

逆作法方案

2.3.2　逆作法方案

相对于顺作法，逆作法则是每开挖一定深度的土体后，即支设模板浇筑永久的结构梁板，用以代替常规顺作法的临时支撑，以平衡作用在围护墙上的土压力。因此当开挖结束时，地下结构即已施工完成。这种地下结构的施工方式是自上而下浇筑的，同常规顺作法开挖到坑底后再自下而上浇筑地下结构的施工方法不同，故称为逆作法。当逆作地下结构的同时还进行地上结构的施工，则称为全逆作法，如图 2-10 所示；当仅采用逆作法施工地下结构而不同步施工地上结构时，则称为半逆作法，如图 2-11 所示。由于逆作法的梁板质量较常规顺作法的临时支撑要大得多，因此必须考虑立柱和立柱桩的承载能力问题。尤其是采用全逆作法时，地上结构所能同时施工的最大层数应根据立柱和立柱桩的承载力确定。

逆作法通常采用支护结构与主体结构相结合。根据支护结构与主体结构相结合的程度，逆作法可以有两种类型，即周边临时围护结构结合坑内水平梁板体系替代支撑采用逆作法施工、支护结构与主体结构全面相结合采用逆作法施工。

逆作法的主要优点如下：

1）楼板刚度高于常规顺作法的临时支撑，基坑开挖的安全度得到提高，且一般而言基坑的变形较小，因而对基坑周边环境的影响较小。

2）当采用全逆作法时，地上和地下结构同时施工，可缩短工程的总工期。

3）地面楼板先施工完成后，可以为施工提供作业空间，从而解决施工场地狭小的问题。

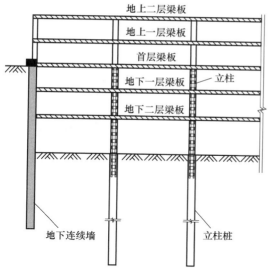

图 2-10 全逆作法示意图

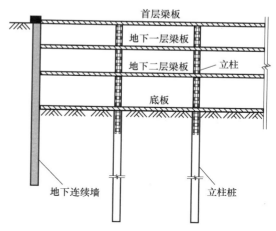

图 2-11 半逆作法示意图

4）逆作法采用支护结构与主体结构相结合，因此可以节省常规顺作法中大量临时支撑的设置和拆除，经济性好，且有利于降低能耗、节约资源。

但逆作法也存在以下不足：

1）技术复杂，垂直构件续接处理困难，且接头施工复杂。

2）对施工技术要求高，例如对一柱一桩的定位和垂直度控制要求高，立柱之间及立柱与连续墙之间的差异沉降控制要求高等。

3）采用逆作暗挖，作业环境差，结构施工质量易受影响。

4）逆作法设计与主体结构设计的关联度大，受主体结构设计进度的制约。

当工程具有以下特征或技术经济要求时，可以考虑选用逆作法方案：

1）大面积的深基坑工程，采用逆作法方案，节省临时支撑体系费用。

2）基坑周边环境条件复杂，且对变形敏感，采用逆作法有利于控制基坑的变形。

3）施工场地紧张，利用逆作的地下首层楼板作为施工平台。

4）工期进度要求高，采用上下部结构同时的全逆作法设计方案，缩短施工总工期。

2.4 基坑工程的设计内容

基坑工程设计和施工应遵循"及时支撑、先撑后挖、分层开挖、严禁超挖"的基本原则。在此原则指导下，根据设计资料和设计计算理论，提出围护结构、支撑（锚杆）结构、被动区地基加固、基坑开挖方式、开挖与支撑施工、施工监控以及施工场地总平面布置等各项设计。

设计的主要内容包括：

1）支护体系的方案比较与选型。

2）基坑的稳定性计算。

3）支护结构的承载力和变形计算。

4）环境影响分析与保护技术措施。

5）降水技术要求。

6）土方开挖技术要求。

7）基坑监测要求。

2.5　基坑工程的设计和施工流程

基坑工程的设计和施工流程，如图 2-12 所示。

基坑设计和施工流程

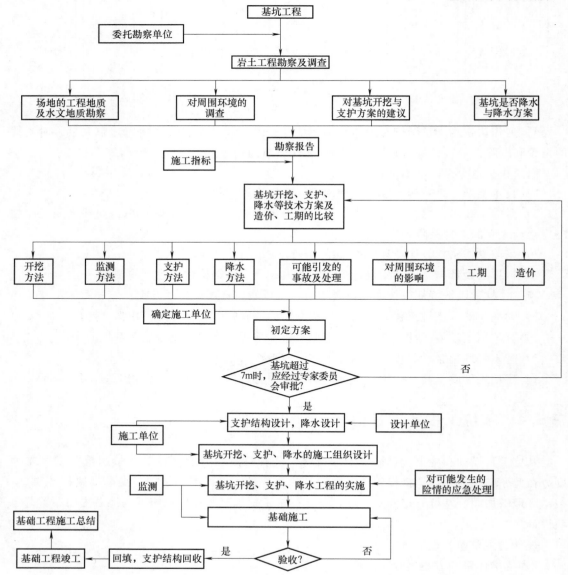

图 2-12　基坑工程的设计和施工流程图

 习 题

1. 围护方案有哪些类型？
2. 围护选型的基本原则是什么？
3. 围护选型需要的基本资料包括哪些？

第3章 土 压 力

作用于基坑支护结构上的土体的水平力称为土压力。土压力是作用于支护结构上的主要荷载，土压力的大小和分布主要与土体的物理力学性质、地下水状况、支护结构（墙体）位移、水平向支撑刚度、填土面形式等诸多因素有关。

土压力类型

■ 3.1 土压力类型

挡土墙土压力的大小及其分布规律与墙体可能移动的方向和大小有直接关系。根据墙的移动情况和墙后土体所处的应力状态，作用在挡土墙墙背上的土压力可分为静止土压力、主动土压力和被动土压力。

（1）静止土压力 若支护结构（墙体）静止不动，在土压力的作用下不向任何方向发生移动，作用在支护结构（墙体）上的土压力称为静止土压力，用 E_0 表示，如图 3-1a 所示。

如建筑物地下室的外墙，由于横墙与楼板的支承作用，墙体水平向变形很小，可以认为无水平向变形，则作用于墙上的土压力可认为是静止土压力。

（2）主动土压力 若支护结构（墙体）在土压力的作用下背离土体方向移动，墙后土压力逐渐减小，当支护结构（墙体）偏移到一定程度，墙后土体达到极限平衡状态时，作用在支护结构（墙体）上的土压力称为主动土压力，一般用 E_a 表示，如图 3-1b 所示。

支护结构在主动土压力的作用下，将向基坑内移动或绕前趾向基坑内转动。墙体受土体的推力而发生位移，土中发挥的剪切阻力可使土压力减小。位移越大，土压力值越小，一直到土的抗剪强度完全发挥出来，即土体已达到主动极限平衡状态，以致产生剪切破坏，形成滑动面。

（3）被动土压力 若支护结构（墙体）在外力作用下，向土体方向移动，当支护结构（墙体）偏移至土体达到极限平衡状态时，作用在支护结构（墙体）的土压力称为被动土压力，用 E_p 表示，如图 3-1c 所示。

支护结构（墙体）在被动土压力作用下，向坑内移动的同时，支护结构（开挖面以下）被推向土体，使土体发生变形，土中发挥的剪切阻力可使土对墙的抵抗力增大。墙推向土体的位移越大，土压力值也越大，直到抗剪强度完全发挥出来，以致产生剪切破坏，形成滑动面。

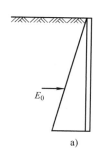 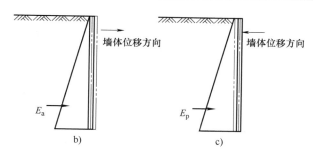

图 3-1 三种不同极限状态的土压力

■ 3.2 土压力的计算

计算土压力的经典理论主要有静止土压力理论、朗肯（Rankine）土压力理论和库仑（Coulomb）土压力理论。对各计算理论的基本假定、计算公式与土压力分布形式进行归纳，见表 3-1。

表 3-1 土压力计算的经典理论汇总

土压力理论	基本假定	计算公式		土压力分布图
静止土压力理论	地表面水平，墙背竖直、光滑	$$p_0 = (\gamma z + q)K_0$$ $$E_0 = \frac{1}{2}\gamma H^2 K_0$$ 式中 γ——土的重度（kN/m^3）； z——计算点深度（m）； q——地面均布荷载（kPa）； H——围护墙高度（m）； K_0——计算点处土的静止土压力系数		
朗肯（Rankine）土压力理论	地表面水平，墙背竖直、光滑	主动土压力	无黏性土	$$p_a = \gamma z K_a$$ $$E_a = \frac{1}{2}\gamma H^2 K_a$$ 式中 K_a——计算点处的主动土压力系数 $$K_a = \tan^2\left(45° - \frac{\varphi}{2}\right)$$ φ——土体内摩擦角（°）
			黏性土	$$p_a = \gamma z K_a - 2c\sqrt{K_a}$$ $$E_a = \frac{1}{2}\gamma (H - z_0)^2 K_a$$ $$z_0 = \frac{2c}{\gamma\sqrt{K_a}}$$ 式中 c——土的黏聚力（kPa）

（续）

土压力理论	基本假定	计 算 公 式			土压力分布图
朗肯（Rankine）土压力理论	地表面水平，墙背竖直、光滑	被动土压力	无黏性土	$p_p = \gamma z K_p$ $E_p = \dfrac{1}{2}\gamma H^2 K_p$ 式中 K_p—计算点处土的被动土压力系数 $K_p = \tan^2\left(45° + \dfrac{\varphi}{2}\right)$	
			黏性土	$p_p = \gamma z K_p + 2c\sqrt{K_p}$ $E_p = \dfrac{1}{2}\gamma H^2 K_p + 2cH\sqrt{K_p}$	
库仑（Coulomb）土压力理论	墙背面土为无黏性土；滑动面为平面；滑裂土体为刚体；滑动面上的摩擦力均匀分布	主动土压力		$E_a = \dfrac{1}{2}\gamma H^2 K_a$ $K_a = \dfrac{\cos^2(\varphi-\varepsilon)}{\cos^2\varepsilon\cos(\varepsilon+\delta)(1+A)^2}$ $A = \sqrt{\dfrac{\sin(\varphi+\delta)\sin(\varphi-\alpha)}{\cos(\varepsilon+\delta)\cos(\varepsilon-\alpha)}}$ 式中 ε—墙背与竖直线间的夹角； α—地表面与水平面间的夹角； δ—墙背与土间的摩擦角	
		被动土压力		$E_p = \dfrac{1}{2}\gamma H^2 K_p$ $K_p = \dfrac{\cos^2(\varphi+\varepsilon)}{\cos^2\varepsilon\cos(\varepsilon-\delta)(1-B)^2}$ $B = \sqrt{\dfrac{\sin(\varphi+\delta)\sin(\varphi+\alpha)}{\cos(\varepsilon-\delta)\cos(\varepsilon-\alpha)}}$	

　　采用土压力理论公式计算，其土压力沿墙体高度方向线性分布，但由于墙体的位移，实测土压力为曲线分布。通常朗肯主动土压力计算值比实测值要大，且合力点也高；被动土压力的计算值在墙体上部偏小而在墙体下部明显偏大。模型试验与工程实测都表明，土压力计算值与实测值通常有较大差异，如图3-2所示。

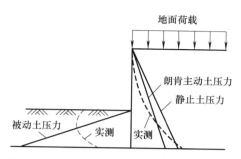

图 3-2　实测土压力分布与朗肯土压力对比

3.2.1　静止土压力计算中的参数确定

静止土压力计算中的参数确定

静止土压力系数 K_0 是计算静止土压力的关键参数，通常优先考虑通过室内试验测定，其次可采用现场旁压试验或扁铲侧胀试验测定，在无试验条件时，可按经验方法确定。

对于正常固结土，当无实测数据时也可以采用经验相关关系近似估算 K_0 值。目前国内外提出的经验关系较多，但以杰克（Jaky）的砂性土估算公式与布鲁克（Brooker）的黏性土公式应用较多，即

对砂性土

$$K_0 = 1 - \sin\varphi' \tag{3-1}$$

对黏性土

$$K_0 = 0.95 - \sin\varphi' \tag{3-2}$$

静止土压力系数 K_0 与土性、土的密实度等因素有关，在初步计算时砂土 $K_0 = 0.35 \sim 0.5$，黏性土 $K_0 = 0.5 \sim 0.7$。

3.2.2　土压力计算的水土分算与合算方法

土压力计算的水土分算与合算方法

在基坑工程中，计算地下水位以下的土体侧压力时一般有两个原则，即水土分算的原则和水土合算的原则。

1. 水土分算方法

水土分算原则，即分别计算土压力和水压力，两者之和即总的侧压力。这一原则适用于土孔隙中存在自由的重力水的情况或土的渗透性较好的情况，一般适用于砂土、粉性土和粉质黏土。

采用"水土分算"时，作用在支护结构上的侧压力计算（见图 3-3）可采用下面公式：

地下水位以上部分

$$p_a = \gamma z K_a \tag{3-3}$$

地下水位以下部分

$$p_a = K_a' \left[\gamma H_1 + \gamma'(z - H_1) \right] + \gamma_w (z - H_1) \tag{3-4}$$

式中　H_1——地面距地下水位处距离；

　　　z——计算点距地面距离；

γ——土的重度；

γ'——土的浮重度；

γ_w——水的重度；

K_a'——水位下土的主动土压力系数。计算时，土体强度指标应取有效应力指标 c'、φ' 进行计算。

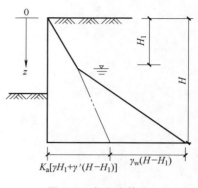

图 3-3 水土分算法

一般认为对砂质土宜采取这种计算模式，实际上只有墙插入深度很深，墙底进入绝对不透水层，而且墙体接缝滴水不漏时，才符合这种模式，这显然是偏大的。由于支护体接缝、桩之间的土及底部向坑底渗漏现象的存在，以及渗透系数不大于 $10^{-4} \mathrm{cm/s}$ 的黏性土和支护体接触面很难累积重力水，现场实测的孔隙水压力均明显低于静水压力值。

2. 水土合算方法

水土合算的原则认为土孔隙中不存在自由的重力水，而存在结合水，它不传递静水压力，以土粒与孔隙水共同组成的土体作为对象，直接用土的饱和重度计算侧压力。这一原则适用于不透水的黏土层。

水土合算法如图 3-4 所示。

对地下水位以上部分，主动土压力为

$$p_a = \gamma z K_a \qquad (3-5)$$

对地下水位以下部分，主动土压力为

$$p_a = K_a [\gamma H_1 + \gamma_{sat}(z - H_1)] \qquad (3-6)$$

式中 γ_{sat}——土的饱和重度；

K_a——水位下土的主动土压力系数。计算时，土体的强度指标应取总应力指标 c、φ 值进行计算。

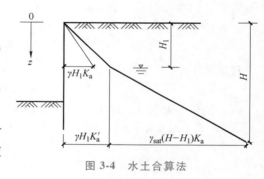

图 3-4 水土合算法

采用水土分算法还是水土合算法计算土压力是当前有争议的问题。按照有效应力原理，土中骨架应力与水压力应分别考虑。部分研究表明对土压力计算原则的基本认识是，水土合算法在计算中缩小了主动状态中的水压力而增大了被动状态中的水压力作用，偏于不安全；水土分算法概念较清楚，符合有效应力原理，但在实际应用中也存在有效指标确定困难与无法考虑土体在不排水剪切时产生的超静孔压影响等问题。

【例 3-1】 挡土墙高度 $H = 10\mathrm{m}$，填土为砂土，墙后有地下水位存在，填土的物理力学指标如图 3-5 所示，试计算挡土墙上的主动土压力及水压力的分布及其合力。

解：主动土压力系数

$$K_a = \tan^2\left(45° - \frac{\varphi}{2}\right) = \tan^2\left(45° - \frac{30°}{2}\right) = \frac{1}{3}$$

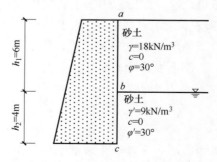

图 3-5 挡土墙剖面图

$$K'_a = \tan^2\left(45° - \frac{\varphi}{2}\right) = \tan^2\left(45° - \frac{30°}{2}\right) = \frac{1}{3}$$

于是可得挡土墙上各点的主动土压力分别为

a 点：

$$p_{a1} = \gamma z K_a = 0$$

b 点：

$$p_{a2} = \gamma h_1 K_a = \left(18 \times 6 \times \frac{1}{3}\right) \text{kPa} = 36 \text{kPa}$$

由于水下土的 φ 值与水上土的 φ 值相同，故在 b 点处的主动土压力无突变现象。

c 点：

$$p_{a3} = (\gamma h_1 + \gamma' h_2) K'_a = \left[(18 \times 6 + 9 \times 4) \times \frac{1}{3}\right] \text{kPa} = 48 \text{kPa}$$

主动土压力分布如图 3-6 所示，同时可求得其合力 E_a 为

$$E_a = \left[\frac{1}{2} \times 36 \times 6 + \frac{1}{2} \times (36 + 48) \times 4\right] \text{kN/m} = 420 \text{kN/m}$$

合力 E_a 作用点距墙底距离 d 为

$$d = \left\{\frac{1}{420} \times \left[\frac{1}{2} \times 36 \times 6 \times \left(4 + 6 \times \frac{1}{3}\right) + 36 \times 4 \times 2 + \frac{1}{2} \times (48 - 36) \times 4 \times 4 \times \frac{1}{3}\right]\right\} \text{m} = 2.3 \text{m}$$

此外，c 点水压力为 $p_w = \gamma_w h_2 = (9.81 \times 4) \text{kPa} = 39.2 \text{kPa}$

作用在墙上的水压力合力 P_w 为

$$P_w = \left(\frac{1}{2} \times 39.2 \times 4\right) \text{kN/m} = 78.4 \text{kN/m}$$

水压力合力 P_w 作用在距墙底 $\dfrac{h_2}{3} = \dfrac{4}{3}\text{m} = 1.33\text{m}$ 处。

土压力沿墙身的分布情况如图 3-6 所示。

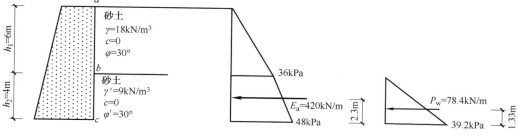

图 3-6 土压力沿墙身的分布情况

3.2.3 位移对土压力的影响

在基坑工程中，主动土压力极限状态一般较易达到，而达到被动土压力极限状态则需要较大的土体位移，如图 3-7 所示。因此，应根据围护墙与土体的位移情况和采取的施工措施等因素确定土压力的计算状态。设计时的土压力取用值应根据围护墙与土体的位移情况分别

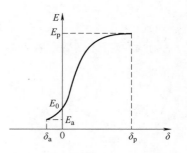

取主动土压力极限值、被动土压力极限值或主动土压力提高值、被动土压力降值低（如采用弹性地基反力）等。对于无支撑或锚杆的基坑支护（如板桩、重力式挡墙等），其土压力通常可以按极限状态的主动土压力进行计算；当对支护结构水平位移有严格限制时，如出于环境保护要求对基坑变形有严格限制，则采用刚度较大的支护结构体系或本身刚度较大的圆形基坑支护结构等，墙体的变位不容许土体达到极限平衡状态，此时主动侧的土压力值将高于主动土压力极限值。对此，设计时宜采用提高的主动土压力值，提高的主动土压力强度值理论上介于主动土压力强度 p_a 与静止土压力强度 p_0 之间。对环境

图 3-7　土压力与支护结构
水平位移的关系

位移限制非常严格或刚度很大的圆形基坑，可将主动侧土压力取为静止土压力值。

　　基坑支护中的土压力计算与填方刚性挡墙后土压力计算有诸多相似与不同之处：基坑支护中土多为原状土，而非可选择的回填土；基坑开挖是一个卸载的过程，导致一般土工试验由加载得出的土的强度指标可能不适用；基坑开挖一般不是二维问题，而是有很强的空间性；基坑中地下水导致土侧压力计算的不确定、土抗剪强度的降低甚至直接导致基坑事故等。同时，又由于深基坑支护结构常采用的支护方式都属于柔性围护墙，其刚度较小，墙体在侧向土压力的作用下会发生明显挠曲变形，因而会影响土压力的大小和分布。对于这种类型的围护墙，墙背受到的土压力呈曲线分布，在一定条件下计算时可简化为直线分布。

■ 3.3　成层土的土压力计算

3.3.1　成层土的朗肯土压力计算

　　一般情况下围护墙后土体均由几层不同性质的水平土层组成。在计算各点的土压力时，可先计算其相应的自重应力，在土压力公式中 γz 项换以相应的自重应力即可，需注意的是土压力系数应采用各点对应土层的土压力系数值。成层土的朗肯土压力计算如图 3-8 所示。

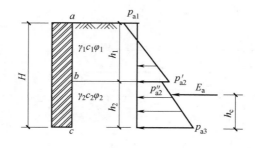

图 3-8　成层土的朗肯土压力计算

　　a 点

$$p_{a1} = -2c_1\sqrt{K_{a1}} \tag{3-7}$$

b 点上（在第一层土中）

$$p'_{a2} = \gamma_1 h_1 K_{a1} - 2c_1 \sqrt{K_{a1}} \qquad (3\text{-}8)$$

b 点下（在第二层土中）

$$p''_{a2} = \gamma_1 h_1 K_{a2} - 2c_2 \sqrt{K_{a2}} \qquad (3\text{-}9)$$

c 点

$$p_{a3} = (\gamma_1 h_1 + \gamma_2 h_2) K_{a2} - 2c_2 \sqrt{K_{a2}} \qquad (3\text{-}10)$$

其中，$K_{a1} = \tan^2\left(45° - \dfrac{\varphi_1}{2}\right)$，$K_{a2} = \tan^2\left(45° - \dfrac{\varphi_2}{2}\right)$，其余符号意义如图 3-8 所示。

【例 3-2】 挡土墙高 4m，墙背垂直、光滑，墙后土体表面水平且无限延伸，土体分两层，各层土的物理力学指标如图 3-9 所示。求主动土压力分布并绘制土压力分布图。

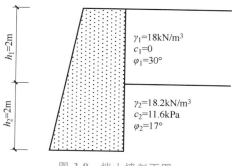

$$\gamma_1 = 18\text{kN/m}^3$$
$$c_1 = 0$$
$$\varphi_1 = 30°$$

$$\gamma_2 = 18.2\text{kN/m}^3$$
$$c_2 = 11.6\text{kPa}$$
$$\varphi_2 = 17°$$

图 3-9 挡土墙剖面图

解：由 $\varphi_1 = 30°$，$\varphi_2 = 17°$，得

$$K_{a1} = \tan^2\left(45° - \frac{30°}{2}\right) = 0.33$$

$$K_{a2} = \tan^2\left(45° - \frac{17°}{2}\right) = 0.55$$

第一层的土压力强度：

层顶面处

$$p_{a1} = -2c_1 \sqrt{K_{a1}} = 0$$

层底面处

$$p'_{a2} = \gamma_1 h_1 K_{a1} - 2c_1 \sqrt{K_{a1}} = (18 \times 2 \times 0.33)\text{kPa} = 12.0\text{kPa}$$

第二层的土压力强度：

层顶面处

$$p''_{a2} = \gamma_1 h_1 K_{a2} - 2c_2 \sqrt{K_{a2}} = (18 \times 2 \times 0.55 - 2 \times 11.6 \times \sqrt{0.55})\text{kPa} = 2.6\text{kPa}$$

层底面处

$$p_{a3} = (\gamma_1 h_1 + \gamma_2 h_2) K_{a2} - 2c_2 \sqrt{K_{a2}}$$
$$= [(18 \times 2 + 18.2 \times 2) \times 0.55 - 2 \times 11.6 \times \sqrt{0.55}]\text{kPa} = 22.6\text{kPa}$$

土压力分布如图 3-10 所示。

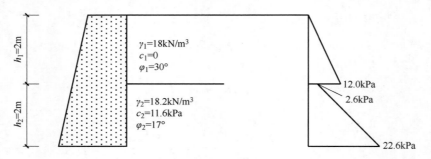

图 3-10　土压力沿墙身分布图

3.3.2　成层土的库仑土压力计算

方法 1：

对实际工程中的成层土地基，设围护墙后各土层的重度、内摩擦角和土层厚度分别为 γ_i、φ_i 和 h_i，通常可将各土层的重度、内摩擦角按土层厚度进行加权平均，即

$$\gamma_m = \frac{\sum \gamma_i h_i}{\sum h_i} \qquad (3\text{-}11)$$

$$\tan(\varphi_m) = \frac{\sum \tan(\varphi_i) h_i}{\sum h_i} \qquad (3\text{-}12)$$

然后按均质土情况采用 γ_m、φ_m 值近似计算其库仑土压力值。

方法 2：

如图 3-11 所示，假设各层土的分层面与土体表面平行，然后自上而下按层计算土压力。求下层土的土压力时可将上面各层土的重力当作均布荷载对待。现以图 3-11 为例加以说明。

第一层土层面处

$$p_{a0} = 0 \qquad (3\text{-}13)$$

第一层土底

$$p_{a1} = \gamma_1 h_1 K_{a1} \qquad (3\text{-}14)$$

在第二层土顶面，将 $\gamma_1 h_1$ 的土重换算为第二层土的当量土厚度为

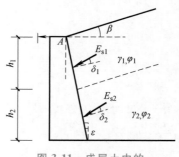

图 3-11　成层土中的库仑主动土压力

$$h'_1 = \frac{\gamma_1 h_1}{\gamma_2} \frac{\cos\varepsilon \cos\beta}{\cos(\varepsilon - \beta)} \qquad (3\text{-}15)$$

故第二层土的顶面处土压力强度为

$$p'_{a2} = \gamma_2 h'_1 K_{a2} \qquad (3\text{-}16)$$

第二层土底面的土压力强度为

$$p''_{a2} = \gamma_2 (h'_1 + h_2) K_{a2} \qquad (3\text{-}17)$$

式中　K_{a1}、K_{a2}——第一、二层土的库仑主动土压力系数；

　　　γ_1、γ_2——第一、二层土的重度（kN/m^3）。

3.4 不同围护结构的土压力分布模式

土压力的大小与分布是土体与支护结构之间的相互作用的结果，它主要取决于墙体的变位方式、方向和大小。工程经验表明，支护结构的刚度和支撑的刚度、支护结构的变形形态及施工的时空效应等对土压力的分布和变化起着控制作用。

通过实测（现场与室内）的土压力变化，可以归纳出以下几种土压力分布模式，如图 3-12 所示。

1. 三角形分布模式

如图 3-12a 所示，这种围护结构的土压力分布与围护结构位移相一致并接近于主动土压力状态，主动土压力随深度呈线性正比增大。这种模式适用于水泥土支护结构或悬臂板式支护结构。墙体的变位为绕墙底端或绕墙底端以下某一点转动，即墙顶端位移大，墙底端位移小。图 3-12b 所示围护结构在顶端有弹性支撑并埋置较深，相当于下端固定的情况。因其上、下两点基本不发生水

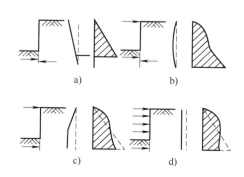

图 3-12 四种类型围护结构土压力示意图
a）无支撑围护（下端固定） b）单道顶撑围护
（下端固定） c）单道顶撑围护 d）多支撑围护

平位移，因此其变形与简支梁相近。此时若其预计位移满足要求，则土压力基本处于主动状态，仍可近似按三角形分布模式计算。

2. 三角形加矩形组合分布模式

如图 3-12c 所示，围护结构虽在顶端有弹性支撑，但因其埋深较浅，下端水平位移较大，因此其应力重分布范围大。图 3-12d 中多支撑或多锚杆围护结构接近于平行移动，因此若采用预压力则土压力就背离了三角形分布而接近于矩形分布。这两种情况下的土压力分布可以简化为主动土压力在基坑开挖面以上随深度的增加呈线性增大分布，在开挖面以下为常量分布的三角形加矩形组合分布模式。

3. R 形分布模式

对拉锚式板桩墙，实测的土压力分布呈现两头大中间小的 R 形分布。这估计与板桩墙在底端以上有一转动点有关，在转动点以下墙背出现被动土压力、在锚着点出现提高的主动土压力。

 习 题

1. 土压力计算的方法有哪些？

2. 计算土压力时土体参数如何选取？

3. 某两层土场地，拟建一 8m 高刚性挡土墙。土层分布为：第一层土厚度为 5m，黏土，天然重度为 16.18kN/m³，饱和重度为 25.18kN/m³，黏聚力为 200kPa，内摩擦角为 16°，有效内摩擦角为 18°；第二层厚度为 3m，砂土，重度为 18kN/m³，内摩擦角为 28°，有效内摩擦角为 30°。地下水位位于地下 2m 处。请分别计算挡土墙上的主动土压力和被动土压力。

第4章 土 钉 墙

国外土钉墙技术起源有二：一是 20 世纪 50 年代形成的新奥地利隧道开挖方法（New Austrian Tunnelling Method），简称新奥法（NATM）；二是 20 世纪 60 年代初期最早在法国发展起来的加筋土技术。20 世纪 70 年代，德国、法国、美国、西班牙、巴西、匈牙利、日本等国家几乎在同一时期各自独立开始了现代土钉墙技术的研究与应用。

国内有记载的首例工程是山西太原煤矿设计院王步云 1980 年将土钉墙用于山西柳湾煤矿的边坡支护。20 世纪 90 年代以后国内深基坑工程大规模兴起，有学者尝试着将土钉墙技术用于基坑，目前了解到的首例工程为 1991 年金安大厦基坑，位于深圳市罗湖区文锦南路，周长约 100m，开挖深度为 6~7m。

土钉墙技术在我国已成为基坑支护主要技术之一。尽管起步较晚，但设计施工水平已经在世界上处于领先地位，部分理论研究成果也属于先进行列。

■ 4.1 土钉墙的概念

土钉墙是土体开挖时保持基坑侧壁或边坡稳定的一种挡土结构，主要由密布于原位土体中的细长杆件——土钉、黏附于土体表面的钢筋混凝土面层及土钉之间的被加固土体组成，是具有自稳能力的原位挡土墙，可抵抗水土压力及地面附加荷载等作用力，从而保持开挖面稳定。

除了被加固的原位土体外，土钉墙由土钉、面层及必要的防排水系统组成。

土钉类型

4.1.1 土钉的类型

土钉即放置于原位土体中的细长杆件，是土钉墙支护结构中的主要受力构件。常用的土钉有以下几种类型：

1. 钻孔注浆型

先用钻机等机械设备在土体中钻孔，成孔后置入杆体（一般采用带肋钢筋制作），然后沿全长注水泥浆。钻孔注浆钉几乎适用于各种土层，抗拔力较高，质量较可靠，造价较低，是最常用的土钉类型。

2. 直接打入型

在土体中直接打入钢管、型钢、钢筋、毛竹、圆木等，不再注浆。由于打入式土钉直径小，与土体间的黏结摩阻强度低，承载力低，钉长又受限制，所以布置较密，可用人力或振动冲击钻、液压锤等机具打入。直接打入土钉的优点是不需预先钻孔，对原位土的扰动较小，施工速度快，但在坚硬黏性土中很难打入，不适用于服务年限大于 2 年的永久支护工程，且杆体采用金属材料时造价稍高，国内很少应用。

3. 打入注浆型

在钢管中部及尾部设置注浆孔成为钢花管，直接打入土中后压灌水泥浆形成土钉。钢花管注浆土钉具有直接打入土钉的优点且抗拔力较高，特别适合于成孔困难的淤泥、淤泥质土等软弱土层、各种填土及砂土，应用较为广泛；缺点是造价比钻孔注浆土钉略高，防腐性能较差，不适用于永久性工程。

4.1.2 面层及连接件

1. 面层

土钉墙的面层不是主要受力构件。面层通常采用钢筋混凝土结构，混凝土一般采用喷射工艺而成，偶尔也采用现浇，或用水泥砂浆代替混凝土。

土钉的附属结构

2. 连接件

连接件是面层的一部分，不仅要把面层与土钉可靠地连接在一起，也要使土钉之间相互连接。面层与土钉的连接方式大体有钉头筋连接及垫板连接两类，土钉之间的连接一般采用加强筋。

4.1.3 防排水系统

地下水对土钉墙的施工及长期工作性能有着重要影响，土钉墙要设置防排水系统。

■ 4.2 土钉墙的特点

土钉墙具有以下特点：

1）能合理利用土体的自稳能力，将土体作为支护结构不可分割的部分。

2）结构轻型，柔性大，有良好的抗震性和延性，破坏前有变形发展过程。

3）密封性好，完全将土坡表面覆盖，没有裸露土方，阻止或限制了地下水从边坡表面渗出，防止了水土流失及雨水、地下水对边坡的冲刷侵蚀。

4）土钉数量众多靠群体作用，即便个别土钉有质量问题或失效对整体影响不大。有研究表明：当某条土钉失效时，其周边土钉中，上排及同排的土钉分担了较大的荷载。

5）施工所需场地小，移动灵活，支护结构基本不单独占用空间，能贴近既有建筑物开挖，这是桩、墙等支护难以做到的，故在施工场地狭小、建筑距离近、大型护坡施工设备没有足够工作面等情况下，显示出独特的优越性。

6）施工速度快。土钉墙随土方开挖施工，分层分段进行，与土方开挖基本能同步，不需养护或单独占用施工工期，故多数情况下施工速度较其他支护结构快。

7）施工设备及工艺简单，不需要复杂的技术和大型机具，施工对周围环境干扰小。

8）由于孔径小，与桩等施工方法相比，穿透卵石、漂石及填石层的能力更强一些；且施工方便灵活，开挖面形状不规则、坡面倾斜等情况下施工不受影响。

9）边开挖边支护便于信息化施工，能够根据现场监测数据及开挖暴露的地质条件及时调整土钉参数，一旦发现异常或实际地质条件与原勘察报告不符时能及时调整相应设计参数，避免出现大的事故，从而提高了工程的安全可靠性。

10）材料用量及工程量较少，工程造价较低。据国内外资料分析，土钉墙工程造价比其他类型支护结构一般低 1/5～1/3。

复合土钉墙的
概念及类型

■ 4.3 复合土钉墙

4.3.1 复合土钉墙的概念

复合土钉支护是由普通土钉支护与一种或若干种单项轻型支护技术（如预应力锚杆、竖向钢管、微型桩等）或截水技术（深层搅拌桩、旋喷桩等）有机组合成的支护截水体系，分为加强型土钉支护、截水型土钉支护、截水加强型土钉支护三大类。复合土钉墙具有支护能力强，适用范围广，可做超前支护，并兼备支护、截水等性能，是一项技术先进，施工简便，经济合理，综合性能突出的深基坑支护新技术。

4.3.2 复合土钉墙的类型

与土钉墙复合的构件主要有预应力锚杆、止水帷幕及微型桩 3 类，或单独或组合与土钉墙复合，形成了 7 种形式，如图 4-1 所示。

1. 土钉墙+预应力锚杆

土坡较高或对边坡的水平位移要求较严格时经常采用这种形式。土坡较高时预应力锚杆可增加边坡的稳定性，此时锚杆在竖向上分布较为均匀；如需限制坡顶的位移，可将锚杆布置在边坡的上部。因锚杆造价较土钉高很多，为降低成本，锚杆可不整排布置，而是与土钉间隔布置，效果较好，如图 4-1a 所示。这种复合形式在边坡支护工程中应用较为广泛。

2. 土钉墙+止水帷幕

降水容易引起基坑周围建筑、道路的沉降，造成环境破坏，引起纠纷，所以在地下水丰富的地层中开挖基坑时，目前普遍倾向于采用帷幕隔水，隔水后在坑内集中降水或明排降水。土钉墙与止水帷幕的复合形式如图 4-1b 所示。止水帷幕可采用深层搅拌法、高压喷射注浆法及压力注浆等方法形成，其中搅拌桩止水帷幕效果好，造价便宜，通常情况下优先采用。在填石层、卵石层等搅拌桩难以施工的地层常使用旋喷桩或摆喷桩替代，压力注浆可控性较差、效果难以保证，一般不作为止水帷幕单独采用。这种复合形式在南方地区较为常见，多用于土质较差、基坑开挖不深时。

3. 土钉墙+微型桩

有时将第 2 种复合支护形式中两两相互搭接连续成墙的止水帷幕替换为断续的、不起挡水作用的微型桩，如图 4-1c 所示。这么做的原因主要有：地层中没有砂层等强透水层或地下水位较低，止水帷幕效用不大；土体较软弱，如填土、软塑状黏性土等，需要竖向构件增强整体性、复合体强度及开挖面临时自立性能，但搅拌桩等水泥土桩施工困难、强度不足或对周边建筑物扰动较大等原因不宜采用；超前支护减少基坑变形。这种复合形式在地质条件较差时及北方地区较为常用。

4. 土钉墙+止水帷幕+预应力锚杆

第2种复合支护形式中，有时需要采用预应力锚杆以提高搅拌桩复合土钉墙的稳定性及限制其位移，从而形成了这种复合形式，如图4-1d所示。这种复合形式在地下水丰富地区满足了大多数工程的实际需求，应用最为广泛。

5. 土钉墙+微型桩+预应力锚杆

第3种复合支护形式中，有时需要采用预应力锚杆以提高支护体系的稳定性及限制其位移，从而形成了这种复合形式，如图4-1e所示。这种支护形式变形小、稳定性好，在不需要止水帷幕的地区能够满足大多数工程的实际需求，应用较为广泛，在北方地区应用较多。

6. 土钉墙+搅拌桩+微型桩

搅拌桩抗弯及抗剪强度较低，在淤泥类软土中强度更低，在软土较深厚时往往不能满足抗隆起要求，或者不能满足局部抗剪要求，于是在第2种支护形式中加入微型桩构成了这种形式，如图4-1f所示。这种形式在软土地区应用较多，在土质较好时一般不会采用。

7. 土钉墙+止水帷幕+微型桩+预应力锚杆

这种支护形式如图4-1g所示，构件较多，工序较复杂，工期较长，支护效果较好，多用于深大及条件复杂的基坑支护。

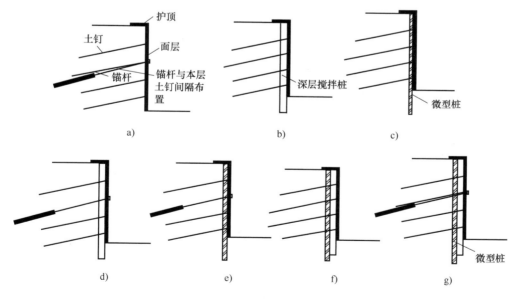

图4-1 7种复合土钉墙形式

a）土钉墙+预应力锚杆 b）土钉墙+止水帷幕 c）土钉墙+微型桩 d）土钉墙+止水帷幕+预应力锚杆
e）土钉墙+微型桩+预应力锚杆 f）土钉墙+搅拌桩+微型桩 g）土钉墙+止水帷幕+微型桩+预应力锚杆

复合土钉墙的特点

4.3.3 复合土钉墙的特点

复合土钉墙机动灵活，可与多种技术并用，既具有基本型土钉墙的全部优点，又克服了其大多缺陷，大大拓宽了土钉墙的应用范围，得到了广泛的工程应用。目前通常在基坑开挖不深、地质条件及周边环境较为简单的情况下使用土钉墙，更多时候采用的是复合土钉墙。其主要特点有：①与土钉墙相比，对土层的适用性更广泛，几乎可适用于各种土层，如杂填土、新近填土、砂砾层、软土等；整体稳定性、抗隆起及抗渗流等各种性能大大提高，基坑风险相应降低；增加了支护深度；能够有效地控制基坑的水平位移等变形。②与桩锚、桩撑等传统支护手段相比，保持了土钉墙造价低、工期短、施工方便、机械设备简单等优点。

4.3.4 土钉墙及复合土钉墙的适用条件

1. 土钉墙的适用条件

土钉墙适用于地下水位以上或经人工降水后的人工填土、黏性土和弱胶结砂土的基坑支护或边坡加固，不适合以下土层：

1）含水丰富的粉细砂、中细砂及含水丰富且较为松散的中粗砂、砾砂及卵石层等。丰富的地下水易造成开挖面不稳定且与喷射混凝土面层黏结不牢固。

2）缺少黏聚力的、过于干燥的砂层及相对密度较小的均匀度较好的砂层。这些砂层中易产生开挖面不稳定现象。

3）淤泥质土、淤泥等软弱土层。这类土层的开挖面通常没有足够的自稳时间，易于流鼓破坏。

4）膨胀土。水分渗入后会造成土钉的荷载加大，易产生超载破坏。

5）强度过低的土，如新近填土等。新近填土往往无法为土钉提供足够的锚固力，且自重固结等原因增加了土钉的荷载，易使土钉墙结构产生破坏。

除了地质条件外，土钉墙也不适于以下条件：

1）对变形要求较为严格的场所。土钉墙属于轻型支护结构，土钉、面层的刚度较小，支护体系变形较大。土钉墙不适合用于一级基坑支护。

2）较深的基坑。通常认为，土钉墙适用于深度不大于12m的基坑支护。

3）建筑物地基为灵敏度较高的土层。土钉易引起水土流失，在施工过程中对土层有扰动，易引起地基沉降。

4）对用地红线有严格要求的场地。土钉沿基坑四周几近水平布设，需占用基坑外的地下空间，一般都会超出红线。如果不允许超红线使用或红线外有地下室等构筑物，土钉无法施工或长度太短很难满足安全要求。随着《中华人民共和国物权法》的实施，人们对地下空间的维权意识越来越强，这将影响土钉墙的使用。

5）如果作为永久性结构，需进行专门的耐久性处理。

2. 复合土钉墙的适用条件

土钉墙通过与不同结构的组合，可以克服许多土钉墙的缺点，适用于大多数情况下的基坑。但复合土钉墙需谨慎用于以下条件：

1）淤泥质土、淤泥等软弱土层太过深厚时。

2）超过 20m 的基坑。

3）土钉墙上述 3）、4）限制条件。

4）对变形要求非常严格的场地。

■ 4.4 土钉及复合土钉支护的作用机理

4.4.1 土钉支护的整体作用机理

土体的抗剪强度较低，抗拉强度几乎可以忽略，但土体具有一定的结构强度及整体性，土坡有保持自然稳定的能力，能够以较小的高度即临界高度保持直立，当超过临界高度或者有地面超载等因素时，将产生突发性整体失稳破坏。传统的支护结构均基于被动制约机制，即以支护结构自身的强度和刚度，承受其后面的侧向土压力，防止土体整体稳定性破坏。而土钉支护是在土体内设置一定长度和密度的土钉，与土共同工作，形成以增强边坡稳定能力为主要目的的复合土体，是一种主动制约机制，在这个意义上，也可将土钉加固视为一种土体改良。土钉的抗拉及抗弯剪强度远远高于土体，故复合土体的整体刚度、抗拉及抗剪强度比原状土均大幅度提高。

土钉与土的相互作用，改变了土坡的变形与破坏形态，显著提高了土坡的整体稳定性。更为重要的是，土钉墙在受荷载过程中一般不会发生素土边坡那样突发性的塌滑，延缓了塑性变形发展阶段，而且明显地呈现出渐进变形与开裂破坏并存且逐步扩展的现象，即把突发性的"脆性"破坏转变为渐进性的"塑性"破坏。

试验表明，荷载 P 作用下土钉墙变形及土钉应力呈现 4 个阶段，分别为：①弹性阶段；②塑性阶段；③开裂变形阶段；④破坏阶段，如图 4-2 所示。

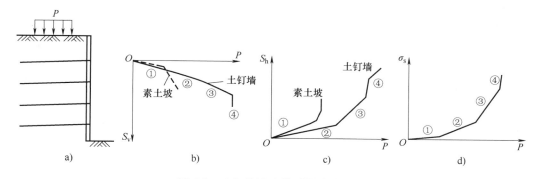

图 4-2 土钉墙试验模型及试验结果

a）试验模型 b）P 与沉降 S_v 的关系 c）P 与水平位移 S_h 的关系 d）P 与土钉钢筋应力 σ_s 的关系

1. 土钉的作用

土钉在挡土墙结构中起主导作用。其在复合土体的作用可概括为以下几点：

（1）箍束骨架作用　该作用是由土钉本身的刚度和强度以及它在土体内的分布空间所决定的。土钉制约着土体的变形，使土钉之间能够形成土拱从而使复合土体获得较大的承载力，并将复合土体构成一个整体。

（2）承担主要荷载作用　在复合土体内，土钉与土体共同承担外来荷载和土体自重应力。由于土钉有较高的抗拉、抗剪强度以及土体无法比拟的抗弯刚度，所以当土体进入塑性状态后，应力逐渐向土钉转移，延缓了复合土体塑性区的开展及渐进开裂面的出现。当土体开裂时，土钉分担作用更为突出，这时土钉内出现弯剪、拉剪等复合应力，从而导致土钉体中浆体碎裂，钢筋屈服。

（3）应力传递与扩散作用　依靠土钉与土的相互作用，土钉将所承受的荷载沿全长向周围土体扩散及向深处土体传递，复合土体内的应力水平及集中程度比素土边坡大大降低，从而缓解了开裂的形成和发展。

（4）对坡面的约束作用　在坡面上设置的与土钉连成一体的钢筋混凝土面板是发挥土钉有效作用的重要组成部分。坡面鼓胀变形是开挖卸载、土体侧向变位以及塑性变形和开裂发展的必然结果，限制坡面鼓胀能起到削弱内部塑性变形，加强边界约束作用，这对土体开裂变形阶段尤为重要。土钉使面层与土体紧密接触从而使面层有效地发挥作用。

（5）加固土体作用　地层常常有裂隙发育，往土钉孔洞中进行压力注浆时，按照注浆原理，浆液顺着裂隙扩渗，形成网络状胶结。当采用一次常压注浆时，宽度 $1 \sim 2\mathrm{mm}$ 的裂隙，注浆可扩成 $5\mathrm{mm}$ 的浆脉，不仅增加了土钉与周围土体的黏结力，而且直接提高了原位土的强度。

2. 面层的作用

（1）面层的整体作用

1）承受作用到面层上的土压力，防止坡面局部坍塌——这一点在松散的土体中尤为重要，并将压力传递给土钉。

2）限制土体侧向膨胀变形，如前所述。

3）通过与土钉的紧密连接及相互作用，增强了土钉的整体性，使全部土钉共同发挥作用，在一定程度上均衡了土钉个体之间的不均匀受力程度。

4）防止雨水、地表水刷坡及渗透，是土钉墙防水系统的重要组成部分。

（2）喷射混凝土面层的作用

1）支承作用。喷射混凝土与土体密贴和黏结，给土体表面以抗力和剪力，从而使土体处于三向受力的有利状态，防止土体强度下降过多，并利用本身的抗冲切能力阻止局部不稳定土体的坍塌。

2）"卸载"作用。喷射混凝土面层属于柔性材料，能有控制地使土坡在不出现有害变形的前提下，进入一定程度的塑性，从而使土压力减少。

3）护面作用。形成土坡的保护层，防止风化及水土流失。

4）分配外力。在一定程度上调整土钉之间的内力，使各土钉受力趋于均匀。

（3）钢筋在面层中的作用

1）防止收缩裂缝，或减少裂缝数量及限制裂缝宽度。

2）提高支护体系的抗震能力。

3）使面层的应力分布更均匀，改善其变形性能，提高支护体系的整体性。

4）增强面层的柔性。

5）提高面层的承载力，承受剪力、拉力和弯矩。

4.4.2　复合土钉支护的作用机理

由于止水帷幕、微型桩及预应力锚杆等构件的存在，使复合土钉支护比土钉支护受力工作机理更为复杂多变。构件的性能各异，不同的复合形式，工作机理必然不同，不可能用一个统一的模式进行分析研究。

从结构组成、受力机理、使用条件及范围等方面出发，复合土钉支护大体可分为三个基本类型，即止水帷幕类复合土钉支护、预应力锚杆类复合土钉支护及微型桩类复合土钉支护，其他类型的复合土钉墙可视为这三类基本型的组合型。这三种类型中，又分别以深层搅拌桩复合土钉支护、预应力锚索复合土钉支护及钻孔灌注微型桩复合土钉支护为代表。

1. 深层搅拌桩与土钉墙的复合支护

（1）结构特征　与土钉墙相比，搅拌桩复合土钉墙在构造上存在以下几个特点：

1）搅拌桩在土体开挖之前就已经设置，而土钉墙构件只能在土体开挖之后设置。

2）搅拌桩与喷射混凝土面层形成复合面层，较单纯混凝土面层的刚度提高数倍。

3）搅拌桩通常插入坑底有一定的深度，而土钉墙墙底与坑底基本持平。

4）搅拌桩通常连续布置，两两相互搭接成墙。

（2）搅拌桩在复合支护体系中的作用

1）增加复合抗剪强度：与土相比，搅拌桩具有较高的抗剪强度，通常比土体高几倍甚至高出一个数量级，这对复合支护体系的内部整体稳定性具有一定的贡献。

2）超前支护，减少变形：某层土体开挖后至该层土钉墙施工完成前的一段时间内，土体水平位移及沉降均会迅速增大，设置了搅拌桩后，搅拌桩随开挖即刻受力，承担了该层土体释放的部分应力并通过桩身将其向下传递到未开挖土体及向上传递给土钉，约束了土体的变形及减少了变形向上层土钉的传递，从而减少了支护体系的总变形量。

3）预加固开挖面及土体开挖导向：软土、新填土及砂土等自立能力较差，开挖面易发生水土流失或流变，搅拌桩连续分布且预先设置，防止了此类破坏，增强了开挖面临时自稳能力，且能够使开挖面保持直立。

4）帷幕止水：搅拌桩帷幕的止水作用有三点：第一，有止水帷幕时，尽管土钉施工期间及完成施工后，地下水仍会沿着土钉孔向坑内渗透，但帷幕阻止了地下水向坑内的自由渗流，改变了流线轨迹，减缓了地下水的渗流速度，减少了渗流量，同时防止了地下水从坡脚溢出，提高了地下水位，从而缩短了浸润线，缩小了降水漏斗半径，缩小、减轻了对周边环境的影响；第二，坡面涌水量较大时，止水帷幕限制了出水点的位置，容易封堵或导流，如果没有止水帷幕则很难治理；第三，地下水降低了喷射混凝土与面层的黏结强度，边坡表面地下水渗出严重时，喷射混凝土与土体甚至不能黏结。对已经成型的混凝土面层，如果土层的渗透系数大，土体中裂隙是地下水渗透的通道，在水头作用下地下水从混凝土面层下渗出，携带走混凝土面层下细小土颗粒，使混凝土面层下出现空隙。空隙越来越多、越来越大，渗进去的水量也越来越多，携带走的土颗粒也就越来越多，使混凝土面层与土体逐渐脱开，最终失去防护作用，时间越久这种概率越大。搅拌桩防止了此类破坏的发生。

5）扩散应力：搅拌桩的刚度较大，限制了钉和土之间的相对位移，削弱了土和钉之间的土拱效应，承担了部分土压力，使土钉受力减小。

6）稳固坡脚：土钉墙坡脚是剪应力集中带，常因积水浸泡、修建排水沟或集水井、开挖承台或地梁等原因受到扰动破坏，降低了支护结构的稳定性。搅拌桩减少了应力集中程度及范围，阻止了塑性区在坡脚的内外连贯，防止了这类扰动破坏对支护体系造成不良影响。

7）抵抗坑底隆起：坑底隆起与多种因素有关，如基坑面积、开挖深度、支护结构的入土深度、降水、工程桩、渗压等。支护结构入土深度从三个方面改善了基坑抗隆起稳定性：第一个方面，支护体有一定的刚度和强度，能够阻挡土体从基坑外流向基坑内，因而减小了隆起量；第二个方面，在正常固结的土体中，有效应力随深度增加而增加，土的强度相应增加，因而在滑动面上发挥了更高的抵抗力；第三个方面，支护结构与被动区土体间具有一定的摩阻力，可减少隆起量。故在一定深度范围内，支护结构入土越深，抵抗隆起的效果越好。搅拌桩复合土钉墙较土钉墙加深了支护结构的入土深度，抗隆起稳定性得到提高。

（3）工作机理及性能　土钉墙的面板为柔性，搅拌桩复合土钉墙的面板为半刚性且有一定的入土深度，结构上的差异导致受力机理不同。

1）基坑刚开挖时，搅拌桩呈悬臂状态独自受力，桩身外侧（背基坑侧）受拉，墙顶变形最大。

2）随着土钉的设置及土方的开挖，土钉开始与搅拌桩共同受力，由于搅拌桩承担了部分压力，土钉受力较土钉墙明显减小，水平位移逐渐增大，在竖向上呈现上部大下部小的特点，但顶部水平位移较土钉墙明显减小，搅拌桩受土钉拉结，弯矩曲线在土钉拉结处局部出现反弯。

3）基坑继续加深，搅拌桩上部几乎不再受力，传递到基坑上部的力主要由上排土钉承担，上排土钉的内力增大，顶部水平变形继续增加，搅拌桩下部与土钉继续共同受力；基坑继续加深，土钉内力继续增大，上排土钉的拉力基本与不设搅拌桩时相同，拉力峰值向土钉中后部转移，支护结构表现为土钉墙的受力特征，即仍为土钉受力为主，但土钉拉力的峰值降低，沿深度的水平变形仍表现为顶部大底部小，搅拌桩上部受拉区逐渐转化为受压区。

4）基坑进一步加深，支护结构表现出桩锚支护结构的特征，上排土钉拉力增加缓慢，搅拌桩顶部水平位移不再增加且在离桩顶一定距离内产生反向弯曲，新增加的土压力由搅拌桩的下部及下排土钉承担，由于搅拌桩顶部所受的侧向荷载较中下部小，搅拌桩刚度较大，类似于弹性支撑的简支梁，受压后产生弯曲变形，故搅拌桩中部水平变形增大，使竖向的水平位移呈现出鼓肚形状，同时，搅拌桩下部拉压力继续增大，在坑底附近弯矩及剪力达到最大。上述过程如4-3图所示。

2. 微型桩与土钉墙的复合支护

微型桩复合土钉墙的工作机理和性能与搅拌桩复合支护类似，不同之处在于：

1）微型桩因不连续分布，与搅拌桩相比存在以下几方面不足：

① 不能起到止水帷幕作用。

② 因在软土、松散砂土等土层中很难形成土拱效应，桩间水土容易挤出流失；在软土中抵抗坑底隆起效果不明显。故在软土地区较少采用这种复合支护形式。

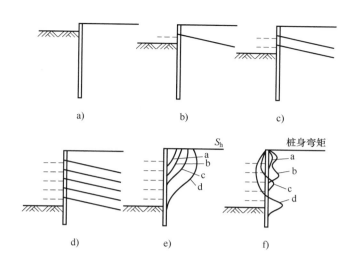

图 4-3 搅拌桩复合支护变形及受力

a)~d) 开挖步骤 e) 水平位移 S_h f) 搅拌桩弯矩

2）微型桩复合土钉墙的破坏模式有以下两种：

① 类似于搅拌桩复合土钉墙的整体剪切失稳破坏，桩被剪断，土钉被拔出或弯断，面层被撕裂成几块。

② 非整体性破坏，主要表现为土体剪切破坏后，土方从桩间坍塌，微型桩未被破坏，或被坍塌土方冲剪折断破坏。

目前尚不清楚这两种破坏形式的产生条件，但经验表明微型桩与土体的刚度比是重要因素。刚度比较小，即微型桩刚度较小或土质较硬时，常常表现为第①种破坏模式，刚度比较大时常常表现为第②种。

3）搅拌桩连续分布，对桩后土体约束极强，迫使桩后复合土体与搅拌桩几乎同时剪切破坏，而微型桩断续分布，不能强迫桩后土体与之同时变形，且因其含金属构件，刚度更大，抗剪强度更高，其抗剪强度不能与土钉、土体同时达到极限状态，与面层的复合刚度越大受力机理越接近于桩锚支护体系。

4）微型桩刚度较大时，可显著地减少坡体的水平位移及地表沉降。

5）微型桩种类繁多，采用不同的做法对复合支护结构的影响差异较大。

3. 预应力锚杆与土钉墙的复合支护

（1）工作机理及性能 预应力锚杆与土钉的相同之处，在于起到了与土钉相同的作用，即成为土体骨架、分担荷载、传递与扩散应力、约束坡面、加固土体等；与土钉的不同之处有两点：

1）额外提供了预加应力。

2）其刚度通常比土钉大很多。

土钉需借助土体的微小变形被动受力，锚杆如果不施加预应力，其工作机理及性能大体上等同于土钉，施加了预应力之后锚杆主动约束土体的变形，改变了复合支护体系的性能。锚杆锁定时会有瞬间预应力损失，有时较大，导致锁定后预应力比张拉时预应力要小。张拉完成后，随着锁具、承压构件及其下卧土体变形趋于稳定，锁定的预应力值基本稳定。

锚杆或土钉正常工作时，在某一状态下，需要为保持土体稳定而提供的最小拉力，本章称为真值，锚杆或土钉能提供的极限抗力如果小于真值则土体失稳。锁定值与真值的关系对锚杆与土钉复合作用的性能有重大影响。随着时间的推移，锁定值仍会因钢材的松弛、土体的徐变等因素继续损失，但这是一个长期的过程，不影响研究锚杆与土钉的复合作用机理。

（2）变形特征

1）预应力预加给土体，约束了边坡的变形。加大锚杆的预应力可显著减少面层的水平位移，位移量最大可减少 40%~50%。但预应力存在临界值，超过临界值后再加大对控制变形效果不大，一般锁定 100~150kN 的预应力即可达到较好的效果。

2）水平位移在深度方向上的分布有时表现为探头形，与土钉墙相似，但变形曲线不够光滑，锚杆处存在较尖锐的拐点。有时也表现为鼓肚形，与搅拌桩复合土钉墙相似，此时地表沉降最大值的位置离坡顶的距离为 0.2~0.6 倍开挖深度。曲线形状除了与土钉墙相同的原因外，还与最上排预应力锚杆的位置及施加的预应力值密切相关，锚杆预应力较大时易出现后一种形状。

3）锚杆施加预应力对减少坡顶沉降作用不大，对抵抗坑底隆起基本没作用。

4. 其他几种复合土钉墙

上述 3 种复合土钉墙为基本型，另外 4 种是这 3 种的组合型，组合型的工作机理及性能取决于基本型。搅拌桩止水帷幕、锚杆及微型桩中，搅拌桩止水帷幕对土钉墙性能的影响最大，而微型桩在不需止水的地层中与搅拌桩的作用类似，故这 4 种组合型复合土钉墙基本上均包括了搅拌桩复合土钉墙的工作特征。

■ 4.5 土钉墙的构造

初步设计时，先根据基坑周边条件、工程地质资料及使用要求等，确定土钉墙的结构尺寸。确定平面尺寸时要考虑到桩基础形式及施工工艺，为桩基施工留出足够的工作面。桩基为静压预制管桩时，不仅要考虑边桩的施工，还要考虑角桩的施工方法。土钉墙高度由开挖深度决定，确定开挖深度时要注意承台的开挖。承台较大较密及坑底土层为淤泥等软弱土层时，开挖深度应计算到承台底面。土钉墙抗超挖能力较弱。开挖面倾斜对边坡的稳定性大有好处，条件许可时，应尽可能采用较缓的坡率以提高安全性及节约工程造价。

一般来说，土钉墙的坡比不宜大于 1：0.2（高宽比），太陡容易在开挖过程中局部土方坍塌造成反坡。基坑较深、允许有较大的放坡空间时，还可以考虑分级放坡，每级边坡根据土质情况设置为不同的坡率，两级之间最好设置 1~2m 宽的平台。地下水丰富、需要采用止水型土钉墙时，采用上缓下直的分级方式是一种较为常用的做法。在平面布置上，应尽量避免尖锐的转角及减少拐点，转角过多会造成土方开挖困难，很难形成设计形状。

设计时一般取单位长度按平面问题进行分析计算，有些文献指出应考虑三维空间的作用。如考虑空间效应，建议对凸角区段局部加强，但不要考虑凹角对支护的有利影响，因为土钉墙沿走向的刚度及整体性较差，相邻侧土的约束作用不如对排桩体系那么明显，有时反而会因土应力在边角的集中造成边角部的土钉墙安全性下降。

4.5.1 土钉

1. 直径

土钉

钻孔注浆型土钉直径 d 一般根据成孔方法确定。孔径越大，越有助于提高土钉的抗拔力，增加结构的稳定性，但是，施工成本也会相应增加。故采用同一种工艺或机械设备成孔时，在成本增加不多的情况下，孔径应尽量大。人工使用洛阳铲成孔时，孔径一般为 60～80mm，土质松软、孔洞不深时，也可达到 90mm；机械成孔时，可用于成孔的机械较多，孔径可为 70～150mm，一般 100～130mm。

2. 长度

土钉长度 l 的影响是显而易见的，土钉越长，抗拔力越高，基坑位移越小，稳定性越好。但是，试验表明，采用相同的施工工艺，在同类土质条件下，当土钉达到临界长度 l_{cr}（非软土中一般为 1.0～1.2 倍的基坑开挖深度）后，再加长对承载力的提高并不明显。另外，土钉越长，施工难度越大，效率越低，单位长度的工程造价越高，尤其是当土钉的长度超过 12m，即一整条钢筋的长度后。但是，很短的注浆土钉也不便施工，注浆时浆液难以控制容易造成浪费，故不宜短于 3m。所以，选择土钉长度是综合考虑技术、经济和施工难易程度后的结果。

3. 间距

土钉密度的影响也是显而易见的，密度越大基坑稳定性越好。土钉的密度由其间距体现，包括水平间距 s_x 和竖向间距 s_z，水平间距有时简称为间距，竖向间距简称为排距。土钉通常等间距布置，有时局部间距不均。土钉间距与长度密切相关，通常土钉越长，土钉密度越小，即间距越大。

4. 倾角

理想状态下土钉轴线应与破裂面垂直，以便能充分发挥土钉提供的抗力。但这是做不到的。在理论上，土钉墙有多种稳定分析模式，破裂面是假定的，不同的计算模型假定的破裂面并不相同，破裂面的形状及位置只能是粗略的和近似的，与实际情况都会有不同程度的差别，故土钉不可能设计成与实际破裂面垂直。就土钉整体而言，每排采用统一的倾角设计可使施工方便一些。

5. 空间布置

1）最上一排土钉与地表的距离值得关注。大量工程实践表明，如果上部土钉长度较短，土钉墙顶部水平位移较大，容易在土钉尾部附近的上方地表出现较大裂缝。

2）最下一排土钉往往也需要关注。下部土钉，尤其是最下一排，实际受力较小，长度可短一些。但工程中有许多难以意料的因素，如坑底沿坡脚局部超挖（承台坑、集水坑、电梯井、排水沟等）、大面积的浅量超挖（如地下室底板标高小幅调整）、坡脚被水浸泡、土体徐变、地面大量超载、雨水作用等，可能会导致下部土钉，尤其是最下一排，内力加大，支护系统临近极限稳定状态时内力增加尤为明显，故其也不能太短，且高度不应距离坡脚太远。有资料建议最下一排土钉距坡脚的距离不应超过土钉排距的 2/3。当然，也不能过近，要满足土钉施工机械设备的最低工作面要求，一般不低于 0.5m。

3）同一排土钉一般在同一标高上布置。地表倾斜时同一排土钉不应随之倾斜，因为倾斜时土钉测量定位及施工均不方便，最好是同排土钉标高相同，令其与地面的距离不断变化。此时应格外注意第一排土钉以上悬臂墙的高度。坡脚倾斜度不大时最下一排土钉也应该这样做（有时地下室底板底面被设计成缓慢倾斜的斜面）。但这些用于基坑开挖的经验用于道路边坡（路肩及路堑边坡）也许并不适合。上下排土钉在立面上可错开布置（俗称梅花状布置），也可铅直布置（即上下对齐）。有人认为梅花形布置加大了土体的拱形展开使相邻土钉间距较为均匀，有利于土拱形成，从而在施工过程中改善开挖面的稳定，但也有人认为土拱倾向于在水平及垂直方向发展。没有资料表明哪种布置方式更有利于边坡稳定。铅直布置时放线定位更容易一些，且能够为以后可能存在的使用微型桩类的补强加固措施留有较大的水平面空间。国内采用梅花形布置较多一些，而欧美国家恰好相反。在立面上土钉与基坑转角的距离没有设计限制，满足横向最小施工工作面要求即可。

4）在深度方向上，土钉的布置形式大体有上短下长、上下等长、上长下短、中部长两头短、长短相间 5 种。在土质较为均匀时，这 5 种布置形式体现了不同的设计人员对土钉墙工作机理的认识不同。

① 上短下长。这种布置形式在土钉墙技术使用早期较为常见，依据力平衡原理设计：认为主动土压力作用在面层上，每条土钉要承担其单元面积内的土压力，主动土压力为传统的三角形，既然越向下土压力越大，土钉也应越长，以承担更多的压力。这种设计理论目前基本上已被实践否定。

② 上下等长。通常依据力矩平衡原理进行设计。因为性价比不太好，一般只在开挖较浅、坡角较缓、土钉较短、土质较为均匀时的基坑中有时采用。

③ 上长下短。通常依据力矩平衡原理进行设计，假定土钉墙的破裂面为直线或弧线，上排土钉要穿过破裂面后才能提供抗滑力矩，长度越长能提供的抗滑力矩就越大，而下排土钉只需很短的长度就能穿过破裂面。这种布置形式有时因受到周边环境等条件限制而应用困难。

④ 中部长两头短。实际工程中，靠近地表的土钉，尤其是第一、二排土钉，往往因受到基坑外建筑物基础及地下管线、窨井、涵洞、沟渠等市政设施的限制而长度较短，而且其位置下移，倾角有时也会较大，可能达 25°~30°。另外，通过增加较上排土钉的长度以增加稳定性，在经济上往往不如将中部土钉加长合算，所以就形成了这种形式。但第一排土钉对减少土钉墙位移很有帮助，所以也不宜太短。这种布置形式目前工程应用最多。

⑤ 长短相间。长短相间有两种布置形式：一种是在纵向（沿基坑侧壁走向）上，同排土钉一长一短间隔布置；另一种是在深度方向上，同一断面的土钉上下排长短间隔布置。采用长短间隔布置的理由为：较长的土钉能够调动更深处的土体，可以将应力在土体中分配得更均匀，减少应力集中，从而提高整体稳定性。但这似乎有悖于土钉的受力机理，因为黏结应力沿土钉全长并非均匀分布。

4.5.2 注浆

基坑土钉均采用水泥系胶结材料，水泥注浆体与筋体的黏结强度、注浆体的抗剪强度以及注浆体与土体的黏结强度通常均大于土体的抗剪强度，钻孔注浆型土钉拔出破坏表现为注浆体周围土体的剪切塑性破坏。

1. 钢筋土钉的注浆

1）注浆材料可选用水泥浆或水泥砂浆，水泥浆的水灰比宜取 0.5~0.55，水泥砂浆的水灰比宜取 0.4~0.45，同时，灰砂比宜取 0.5~1.0，拌和用砂宜选用中粗砂，按质量计的含泥量不得大于 3%。

2）水泥浆或水泥砂浆应拌和均匀，一次拌和的水泥浆或水泥砂浆应在初凝前使用。

3）注浆前应将孔内残留的虚土清除干净。

4）注浆应采用将注浆管插至孔底、由孔底注浆的方式，且注浆管端部至孔底的距离不宜大于 200mm。注浆及拔管时，注浆管出浆口应始终埋入注浆液面内，应在新鲜浆液从孔口溢出后停止注浆。注浆后，当浆液液面下降时，应进行补浆。

2. 打入式钢管土钉的注浆

1）钢管端部应制成尖锥状，钢管顶部宜设置防止锤击变形的加强构造。

2）注浆材料应采用水泥浆，水泥浆的水灰比宜取 0.5~0.6。

3）注浆压力不宜小于 0.6MPa，应在注浆至钢管周围出现返浆后停止注浆，当不出现返浆时，可采用间歇注浆的方法。

4.5.3 面层

当土坡产生位移时，土钉需要靠钉—土摩擦作用产生抗拔力，位移量必然小于土体，土钉之间的土体有被挤出的趋势，钉—土摩擦力导致土钉之间的土体位移不均匀，两条土钉中间的土体位移最大，靠近土钉的土体位移最小，如果土钉间距合理，则会在两条土钉之间形成土拱。土拱承受后面的压力并将之传递给土钉，土钉再传递到土层深处，如图 4-4 所示，没有都传递给面层，所以面层受力较小。即便形不成土拱，也会有部分土压力通过摩擦作用直接传递给土钉，面层所受的力只能是土钉墙所承受的全部土压力的一部分。土拱效应的强弱与多种因素有关。软土中土拱效应较弱，面层要承受的土压力相对较大。

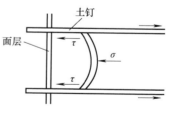

图 4-4　土钉土拱受力图

土钉墙高度不大于 12m 时，喷射混凝土面层的构造应符合下列要求：

1）喷射混凝土面层厚度宜取 80~100mm。

2）喷射混凝土设计强度等级不宜低于 C20。

3）喷射混凝土面层中应配置钢筋网和通长的加强钢筋，钢筋网宜采用 HPB300 级钢筋，钢筋直径宜取 6~10mm，钢筋间距宜取 150~250mm，钢筋网间的搭接长度宜大于 300mm；加强钢筋的直径宜取 14~20mm，加强钢筋的截面面积不应小于土钉杆体截面面积的 1/2。

4）土钉与加强钢筋宜选用焊接连接，在土钉拉力作用下喷射混凝土面层的局部受冲切承载力不足时，应设置承压钢板等加强措施。

■ 4.6 稳定性分析与计算

土钉墙究竟会发生哪些模式的破坏，大量的试验研究建立了不同的破坏模式，产生了相应的分析计算方法，这些方法有不同的破裂面形状假定、不同的钉-土作用和内力分布模型、不同的安全性定义，分析结果往往只与相应的试验结果相一致，目前还没有得到普遍认可的统一的设计分析计算方法。有人认为这些破坏模式均可能会发生，也有人认为其中只会有一种或部分发生，但不管有多少种可能，内部整体稳定破坏模式以及隆起破坏模式被公认为是肯定会发生的，土钉墙必须要进行内部稳定性及抗隆起稳定性分析，分析结果是确定土钉设计参数的主要依据。

内部整体稳定性计算

4.6.1 内部整体稳定性计算

内部稳定性是指破裂面全部或部分穿过被加固土体内部时的土坡稳定性，如图 4-5 所示；部分穿过时的破坏模式又称为混合破坏，如图 4-5b~d 所示。

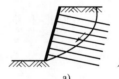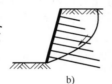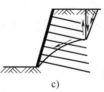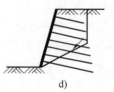

a)　　　　　　b)　　　　　　c)　　　　　　d)

图 4-5　内部整体稳定性破坏模式

采用极限平衡法进行内部整体稳定性分析时，大多采用边坡稳定的概念，常采用条分法，只是在滑移面上计入了土钉的抗力作用。土钉抗力可分解为沿滑移面的切向分力及垂直滑移面的法向分力，切向分力直接提供阻力，法向分力加大了滑移面上的正应力，同样增强了抗滑力。不同的分析方法中，破裂面的形状常假定为双折线、圆弧线、抛物线或对数螺旋曲线中的一种。土钉墙坡度一般较陡，按边坡稳定理论，在土质均匀的情况下，破裂面的底端通过墙趾，而破裂面与地表相交的另一端位置就需要通过试算决定。每一个可能的滑移面位置对应一个稳定安全系数，作为设计依据的最危险滑移面（即破裂面具有最小的安全系数），极限平衡分析的就是要找出其位置并给出相应的安全系数。极限平衡稳定分析的方法较多，本章重点介绍力矩极限平衡法。

1. 假定条件

1）采用普通条分法，即假定破裂面为圆弧形，破坏是由圆形破裂面确定的准刚性区整体滑动产生的；土条宽度足够小，土条的重力及抗力等作用在土条底边中点；不考虑土条间的相互作用。

2）只考虑土钉拉力作用，不考虑剪力等其他作用。

3）破坏时土钉的最大拉力产生在破裂面处。

4）破坏时土体抗剪强度（由库仑破坏准则定义）沿着破裂面全部发挥，土钉拉力全部发挥。

5）钉-土界面摩阻力均匀分布。

6）不考虑面层对稳定性的贡献。

7）地下水对土体抗剪强度指标产生影响，不考虑水压力直接作用。

8）不考虑地震作用。

复合土钉墙稳定性计算除了满足上述假定条件外，还要满足：

1）视锚杆为长土钉，由于预应力的作用，其法向分力与切向分力可同时达到极限值。

2）止水帷幕及微型桩只考虑对抗剪强度的贡献。

3）锚杆、止水帷幕及微型桩不能与土钉同时达到极限平衡状态，组合应用时分别折减。构件越多，抗剪强度越高，折减越大。

4）滑移面穿过止水帷幕或微型桩时，平行于桩的正截面。

2. 内部整体稳定安全系数计算公式

计算简图如图 4-6 所示。素土系数按式（4-1）计算，土钉墙按式（4-2）计算，复合土钉墙按式（4-3）计算。其中，锚杆、止水帷幕、微型桩的贡献按式（4-4）~式（4-6）计算。

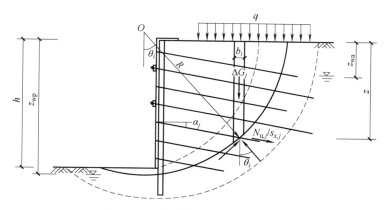

图 4-6　内部整体稳定性计算简图

$$K_{\mathrm{s}} = K_{\mathrm{s}0} = \frac{\sum c_i L_i + \sum W_i \cos\theta_i \tan\varphi_i}{\sum W_i \sin\theta_i} \tag{4-1}$$

$$K_{\mathrm{s}} = K_{\mathrm{s}0} + b_1 K_{\mathrm{s}1} = K_{\mathrm{s}0} + b_1 \frac{\sum N_{\mathrm{u},j}\cos(\theta_j+\alpha_j) + \sum N_{\mathrm{u},j}\sin(\theta_j+\alpha_j)\tan\varphi_j}{s_{x,j}\sum W_i \sin\theta_i} \tag{4-2}$$

$$K_{\mathrm{s}} = K_{\mathrm{s}0} + b_1 K_{\mathrm{s}1} + b_2 K_{\mathrm{s}2} + b_3 K_{\mathrm{s}3} + b_4 K_{\mathrm{s}4} \tag{4-3}$$

$$K_{\mathrm{s}2} = \frac{\sum P_{\mathrm{u},j}\cos(\theta_j+\alpha_j) + \sum P_{\mathrm{u},j}\sin(\theta_j+\alpha_j)\tan\varphi_j}{s_{x,j}\sum W_i \sin\theta_i} \tag{4-4}$$

$$K_{\mathrm{s}3} = \frac{f_{\mathrm{v}3} A_3}{\sum W_i \sin\theta_i} \tag{4-5}$$

$$K_{\mathrm{s}4} = \frac{f_{\mathrm{v}4} A_4}{s_{x,j}\sum W_i \sin\theta_i} \tag{4-6}$$

式中 K_s——整体稳定安全系数，二级、三级基坑分别取 1.3、1.25；

K_{sx}——土、土钉、锚杆、止水帷幕及微型桩产生的抗滑力矩与土体下滑力矩比；

c_i、φ_i、L_i——第 i 个土条在滑弧面上的黏聚力（kPa）、内摩擦角（°）及弧长（m）；

W_i——第 i 个土条重力（kN/m），包括土条自重、作用在第 i 个土条上的地面及地下荷载；

θ_i——第 i 个土条在滑弧面中点处的法线与垂直面的夹角（°）；

b_x——土钉、锚杆、止水帷幕及微型桩产生的抗滑力矩复合作用时的组合系数，x 可取为 1、2、3、4；

$s_{x,j}$——第 j 层土钉、锚杆或微型桩的水平间距（m），土钉局部间距不均匀时可取平均值；

$N_{u,j}$——第 j 层土钉在稳定区（即圆弧外）的极限抗力（kN）；

$P_{u,j}$——第 j 层锚杆在稳定区（即圆弧外）的极限抗力（kN）；

α_j——第 j 层土钉或锚杆的倾角（°）；

θ_j——第 j 层土钉或锚杆与滑弧面相交处，滑弧切线与水平面的夹角（°）；

φ_j——第 j 层土钉或锚杆与滑弧面交点处土的内摩擦角（°）；

f_{vx}——止水帷幕或微型桩的抗剪强度设计值（kPa）；

A_x——单位计算长度内止水帷幕的截面面积或单条微型桩的截面面积（m²）。

4.6.2 抗隆起稳定性验算

基坑底面以下有软土层的土钉墙结构应进行坑底抗隆起稳定性验算，计算简图如图 4-7 所示，可按以下公式验算，即

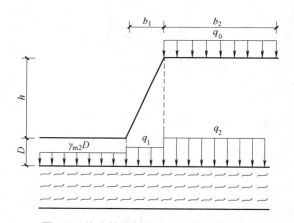

图 4-7 坑底抗隆起稳定性验算计算简图

$$\frac{\gamma_{m2}DN_q+cN_c}{(q_1b_1+q_2b_2)(b_1+b_2)} \geqslant K_b \tag{4-7}$$

$$N_q=\tan^2\left(45°+\frac{\varphi}{2}\right)e^{\pi\tan\varphi} \tag{4-8}$$

$$N_c=(N_q-1)/\tan\varphi \tag{4-9}$$

$$q_1=0.5\gamma_{m1}h+\gamma_{m2}D \tag{4-10}$$

$$q_2 = \gamma_{m1}h + \gamma_{m2}D + q_0 \tag{4-11}$$

式中 K_b——抗隆起安全系数，安全等级为二级、三级的土钉墙，K_b 分别应取 1.6、1.4；

q_0——地面均布荷载（kPa）；

γ_{m1}——基坑底面以上土的天然重度（kN/m³），对多层土，取各层土按厚度加权的平均重度；

h——基坑深度（m）；

γ_{m2}——基坑底面至抗隆起计算平面之间土层的天然重度（kN/m³），对多层土，取各层土按厚度加权的平均重度；

D——基坑底面至抗隆起计算平面之间土层的厚度（m），当抗隆起计算平面为基坑底平面时，取 $D=0$；

N_c、N_q——太沙基承载力系数；

c——抗隆起计算平面以下土的黏聚力（kPa）；

φ——抗隆起计算平面以下土的内摩擦角（°）；

b_1——土钉墙坡面的宽度（m），当土钉墙坡面垂直时取 $b_1=0$；

b_2——地面均布荷载的计算宽度（m），可取 $b_2=h$；

q_1——作用于坡面下抗隆起计算平面上的平均超载大小（kPa）；

q_2——作用于坡顶下抗隆起计算平面上的平均超载大小（kPa）。

■ 4.7 土钉承载力计算

4.7.1 土钉的锚固力

第 j 层土钉的极限抗拔承载力标准值按下式计算

$$R_{k,j} = \pi d_j \sum q_{sk,i} l_i \tag{4-12}$$

式中 d_j——第 j 层土钉的锚固体直径（m），对成孔注浆土钉，按成孔直径计算；对打入钢管土钉，按钢管直径计算；

$q_{sk,i}$——第 j 层土钉与第 i 层土的极限黏结强度标准值（kPa）；

l_i——第 j 层土钉滑动面以外的部分在第 i 层土中的长度（m），直线滑动面与水平面的夹角取 $\dfrac{\beta+\varphi_m}{2}$。

4.7.2 土钉的轴向拉力

1. 第 j 层土钉的荷载标准值

第 j 层土钉的轴向荷载标准值即该层土钉应该承担的土压力，可按下式计算

$$N_{k,j} = \frac{1}{\cos\alpha_j} \zeta \eta_j e_{ak,j} s_{x,j} s_{z,j} \tag{4-13}$$

式中 $N_{k,j}$——第 j 层土钉的轴向荷载标准值（kN）；

α_j——第 j 层土钉的倾角（°）；

ζ——坡面倾斜时的主动土压力折减系数；

η_j——第 j 层土钉处的主动土压力分布调整系数；

$e_{ak,j}$——第 j 层土钉处的主动土压力强度标准值（kPa）；

$s_{x,j}$——第 j 层土钉的水平间距（m），局部间距不均匀时取平均值；

$s_{z,j}$——第 $j-1$ 层至第 $j+1$ 层土钉垂直间距的 0.5 倍（m）。最上（下）排土钉至坡顶（脚）的距离应计入最上（下）排土钉的垂直间距内。

2. 坡面倾斜时的主动土压力折减系数 ζ

朗肯主动土压力 E_a 是在假定墙背垂直的条件下推导出来的。坡面倾斜时，主动土压力减小，其值可通过对 E_a 折减的办法得到。令折减系数为 ζ，折减方法如图 4-8 所示。

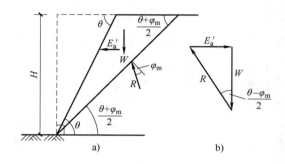

图 4-8 坡面倾斜时主动土压力折减系数

a）作用在土楔上的作用力 b）力矢三角形

图中假定：①滑移面为平面，倾角为 $\dfrac{\theta+\varphi_{\mathrm{m}}}{2}$；②土层 $c=0$；③土楔产生的主动土压力 E'_a 方向水平。W 为土楔的重力，R 为滑移面的反作用力，φ_{m} 为基坑底面以上土体内摩擦角标准值按土层厚度加权的平均值，γ 为土楔土体重度，H 为基坑深度。由图 4-8b 可得

$$E'_a = W\tan\frac{\theta-\varphi_{\mathrm{m}}}{2} = \frac{1}{2}\gamma H^2\left(\cot\frac{\theta+\varphi_{\mathrm{m}}}{2}-\cot\theta\right)\tan\frac{\theta-\varphi_{\mathrm{m}}}{2} \tag{4-14}$$

$$\zeta = \frac{E'_a}{E_a} = \frac{E'_a}{\dfrac{1}{2}\gamma H^2\tan^2\left(45°-\dfrac{\varphi_{\mathrm{m}}}{2}\right)} \tag{4-15}$$

上述估算方法得到的 ζ 是半理论半经验系数，与假定的滑移面倾角、主动土压力强度标准值 e_{ak} 的取值方法及规定的安全系数等因素相关，用于简便估算坡面倾斜时单根土钉应承受多少荷载，从而估算土钉的设置密度及长度。需要说明的是：土钉墙的主动土压力并不作用在坡面上，ζe_{ak} 也不是作用在倾斜面上的主动土压力。

3. 主动土压力分布调整系数

土钉墙主动土压力的计算方法有两类：一类是根据经验直接假定主动土压力的分布形状及数值大小；另一类认为作用在土钉墙上的主动土压力总和仍为朗肯主动土压力，只不过不再是上小下大的三角形分布形状，根据经验将其调整为梯形等其他分布形状。建议对土压力

进行调整，方法为：令第 j 层土钉调整前所承担的主动土压力为 $E_{a,j}$，如图 4-9 所示，调整后为调整前的 η_j 倍。假定 η_j 与基坑深度 H 为线性关系，其值在墙底处为小于 1 的 η_b，在墙顶处为大于 1 的 η_a，第 j 层土钉深度为 z_j。

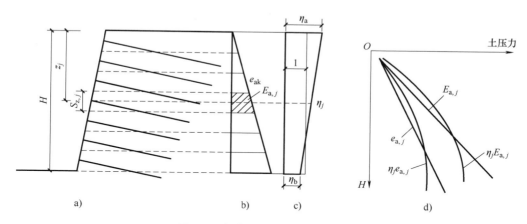

图 4-9 主动土压力分布调整系数

a）计算模型 b）朗肯主动土压力 c）主动土压力调整系数 d）调整后土压力

由图中可得几何关系为

$$\frac{\eta_j - \eta_b}{H - z_j} = \frac{\eta_a - \eta_b}{H} \tag{4-16}$$

解之，得

$$\eta_j = \left(1 - \frac{z_j}{H}\right)\eta_a + \frac{z_j}{H}\eta_b \tag{4-17}$$

因所有土钉承担的总主动土压力在调整前后保持不变，故有 $\sum \eta_j E_{a,j} = \sum E_{a,j}$，解之，得：

$$\eta_a = \frac{\sum (H - \eta_b z_j) E_{a,j}}{\sum (H - z_j) E_{a,j}} \tag{4-18}$$

调整后的土压力强度曲线如图 4-9d 所示，该曲线能够较好地模拟绝大多数工程的实测结果。η_b 是个重要的经验数据，与土层的抗剪强度及含水量有关，一般 $\eta_b = 0.5 \sim 0.8$，经验不足时可参考以下建议：硬塑以上黏性土取 $\eta_b = 0.5$，一般黏性土取 $\eta_b = 0.6$，砂土、软土取 $\eta_b = 0.7$，淤泥取 $\eta_b = 0.8$。

4.7.3　土钉长度

第 j 层土钉的总长度为在主动区内长度 l_z 与在稳定区内长度 $\sum l_i$ 之和，在稳定区内长度 $\sum l_i$ 应满足下式：

$$\pi d_j \sum q_{sk,i} l_i \geqslant N_{u,j} \tag{4-19}$$

式中　$N_{u,j}$——第 j 层土钉在稳定区的极限抗力（kN），当按图 4-9 "主动土压力分布调整系数" 确定时，需满足 $N_{u,j} \geqslant \gamma_0 K_b N_{k,j}$，当按图 4-6 "内部整体稳定性计算简图" 时，则无须满足；

d_j——第 j 层土钉的锚固体直径（m），钻孔注浆土钉按孔径计算，打入钢管土钉可按钢管直径+20mm 计算；

$q_{sk,i}$——第 j 层土钉与第 i 层土的极限黏结强度标准值（kPa）；

K_b——土钉抗拔安全系数，二级、三级基坑分别取 1.6、1.4；

l_i——第 j 层土钉在假定滑动面外第 i 层土中的长度（m），如图 4-10 所示。

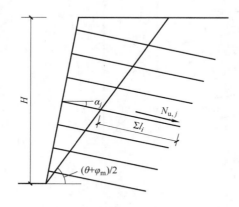

图 4-10　土钉抗拔承载力计算

4.7.4　筋体面积

第 j 层土钉筋体截面面积 A_s 应满足下式，即

$$A_{s,j}f_{yk} \geq N_{d,j} \tag{4-20}$$

$$N_{d,j} = \gamma_0 \gamma_F N_{k,j} \tag{4-21}$$

式中　f_{yk}——筋体抗拉强度标准值（kN/m²）；

$N_{d,j}$——抗拉承载力标准值（kN）；

γ_0——工程重要性系数，一级、二级、三级基坑分别取 1.1、1.0、0.9；

γ_F——材料抗力分项系数。

土钉直径较小时，按式（4-21）确定的土钉极限抗拉承载力可能会小于按 $\pi d_j \sum q_{sk,i} l_i \geq N_{u,j}$ 确定的土钉极限抗拔承载力，土钉的极限抗力定义为两者中的较小值。

【例 4-1】　某基坑开挖深度为 4.8m，安全等级为三级。地面作用均布荷载 $q = 20$kPa，开挖深度及影响范围内的地层为淤泥质土，经处理重度标准值 $\gamma_k = 18.2$kN/m³，黏聚力标准值 $c_k = 20$kPa，内摩擦角标准值 $\varphi_k = 16°$，采用土钉墙支护。土钉水平距离为 1.5m，第一层土钉在地面下 1.2m 处，第二层土钉在地面下 2.7m 处，第三层土钉在地面下 4.2m 处，土钉墙的放坡比例为 1：0.5（高度：坡宽），土钉长度均为 8m，采用打入式钢管土钉，钢管直径为 48mm，壁厚为 3mm，钢牌号为 Q235，土钉与水平面夹角 $\alpha = 15°$，土钉与黏性土的极限黏结强度标准值为 $q_{sk} = 40$kPa。土钉墙支护计算简图如图 4-11 所示。

请计算：（1）每层土钉轴向拉力标准值。

（2）每层土钉极限抗拔承载力标准值。

（3）土钉长度及筋体面积是否满足要求。

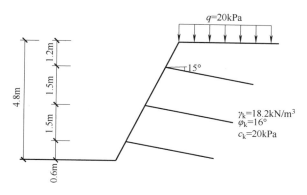

图 4-11 土钉墙支护计算简图

解:(1)每层土钉轴向拉力标准值

1)土压力计算。主动土压力强度标准值为

$$e_{ak,j} = (q+\gamma z_j)\tan^2\left(45°-\frac{\varphi_j}{2}\right) - 2c_j\tan\left(45°-\frac{\varphi_j}{2}\right)$$

$$= (20\text{kPa}+18.2\text{kN/m}^3\times z_j)\times\tan^2\left(45°-\frac{16°}{2}\right) - 2\times20\text{kPa}\times\tan\left(45°-\frac{16°}{2}\right)$$

$$= 10.33\text{kN/m}^3\times z_j - 18.79\text{kPa}$$

土压力临界高度为

$$z_0 = \frac{e_{ak,j}+18.79\text{kPa}}{10.33\text{kN/m}^3} = \left(\frac{0+18.79}{10.33}\right)\text{m} = 1.82\text{m}$$

2)第 j 层土钉的轴向拉力标准值 $N_{k,j}$。土钉的轴向拉力标准值按 $N_{k,j} = \frac{1}{\cos\alpha_j}\zeta\eta_j e_{ak,j}s_{x,j}s_{z,j}$ 计算。

土钉墙墙面倾斜,需计算主动土压力折减系数 ζ:

$$\zeta = \frac{E'_a}{E_a} = \frac{\tan\dfrac{\theta-\varphi_k}{2}\left(\cot\dfrac{\theta+\varphi_k}{2}-\cot\theta\right)}{\tan^2\left(45°-\dfrac{\varphi_m}{2}\right)}$$

$$= \frac{\tan\dfrac{63.4°-16°}{2}\times\left(\cot\dfrac{63.4°+16°}{2}-\cot63.4°\right)}{\tan^2\left(45°-\dfrac{16°}{2}\right)} = 0.54$$

土钉轴向拉力调整系数

$$\eta_j = \left(1-\frac{z_j}{H}\right)\eta_a + \frac{z_j}{H}\eta_b$$

其中,$\eta_a = \dfrac{\sum(H-\eta_b z_j)E_{a,j}}{\sum(H-z_j)E_{a,j}}$,取经验系数 $\eta_b=0.8$,$s_{x,j}=1.5\text{m}$,$s_{z1}=1.35$,$s_{z2}=1.5$,$s_{z3}=1.05$,

$E_{a,j}$ 为作用在以 $s_{x,j}$ 和 $s_{z,j}$ 为边长的面积内的主动土压力标准值，由于土压力计算公式是线性的，$E_{a,j}$ 的值可以由土钉所在位置的土压力强度标准值乘以 $s_{x,j}$ 和 $s_{z,j}$ 为边长的面积获得。

每层土钉的轴向拉力标准值见表 4-1。

表 4-1　每层土钉的轴向拉力标准值

土钉序号	z_j/m	$e_{ak,j}$/kPa	$E_{a,j}$/kN	η_a	η_j	$N_{k,j}$/kN
1	1.2	0	0	$= \dfrac{\sum (H - \eta_b z_j) E_{a,j}}{\sum (H - z_j) E_{a,j}}$	1.45	0
2	2.7	9.12	20.48	$= \dfrac{54.07 + 55.83}{43.01 + 23.26}$	1.18	13.54
3	4.2	24.62	38.77	$= 1.66$	0.91	19.72

（2）每层土钉极限抗拔承载力标准值

$q_{sk} = 40\text{kPa}$，$l = 8\text{m}$，$d = 0.048\text{m}$，$\dfrac{\theta + \varphi_m}{2} = \dfrac{63.4° + 16°}{2} = 39.7°$，土钉墙滑动面及各线段长度如图 4-12 所示。

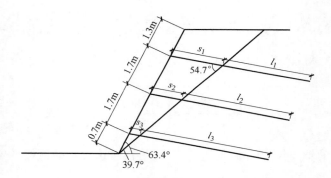

图 4-12　土钉墙滑动面及各线段长度

根据正弦定理可得

$$\frac{s_1}{\sin 23.7°} = \frac{4.1\text{m}}{\sin 54.7°}$$

即

$$s_1 = 2.02\text{m}$$

同理，有 $s_2 = 1.18\text{m}$，$s_3 = 0.34\text{m}$。

因 $l_i = 8 - s_i$，有 $l_1 = (8 - 2.02)\text{m} = 5.98\text{m}$，$l_2 = 6.82\text{m}$，$l_3 = 7.66\text{m}$。

土钉极限抗拔承载力标准值：

$$R_{k,1} = \pi d q_{sk} l_1 = (\pi \times 0.048 \times 40 \times 5.98)\text{kN} = 36.07\text{kN}$$

$$R_{k,2} = \pi d q_{sk} l_2 = (\pi \times 0.048 \times 40 \times 6.82)\text{kN} = 41.14\text{kN}$$

$$R_{k,3} = \pi d q_{sk} l_2 = (\pi \times 0.048 \times 40 \times 7.66)\text{kN} = 46.20\text{kN}$$

（3）土钉长度和筋体面积验算

1）土钉长度验算。第一层土钉轴向拉力为零，受力满足要求。

第二层土钉 $\dfrac{R_{k,2}}{N_{k,2}} = \dfrac{41.14}{13.97} = 3.04 \geq K_t = 1.6$，满足要求。

第三层土钉 $\dfrac{R_{k,3}}{N_{k,3}} = \dfrac{46.20}{28.47} = 2.34 \geq K_t = 1.6$，满足要求。

2）筋体面积验算。土钉最大拉力设计值为

$$N_j = \gamma_0 \gamma_F N_{k,j} = (0.9 \times 1.25 \times 19.72)\text{kN} = 22.19\text{kN}$$

Q235 钢材抗拉强度设计值 f_y 为 215MPa，土钉截面面积 $A_s = \pi \times [24^2 - (24-3)^2]\text{mm}^2 = 423.9\text{mm}^2$。

$f_y A_s = (215 \times 423.9)\text{N} = 91138.5\text{N} = 91.14\text{kN} > 22.19\text{kN}$，满足要求。

■ 4.8 施工要点

土钉墙的施工流程一般为：开挖工作面──→修整坡面──→喷射第一层混凝土──→土钉定位──→钻孔──→清孔──→制作、安装土钉──→浆液制备、注浆──→加工钢筋、绑扎钢筋网──→安装泄水管──→喷射第二层混凝土──→养护──→开挖下一层工作面，重复以上工作直到完成。打入钢管注浆型土钉没有钻孔清孔过程，直接用机械或人工打入。复合土钉墙的施工流程一般为：止水帷幕或微型桩施工──→开挖工作面──→土钉及锚杆施工──→安装钢筋网及绑扎腰梁钢筋笼──→喷射面层及腰梁──→面层及腰梁养护──→锚杆张拉──→开挖下一层工作面，重复以上工作直到完成。

1. 土钉成孔

应根据地质条件、周边环境、设计参数、工期要求、工程造价等综合选用适合的成孔机械设备及方法。钻孔注浆土钉成孔方式可分为人工洛阳铲成孔及机械成孔，机械成孔有回转钻进、螺旋钻进、冲击钻进等方式；打入式土钉可分为人工打入及机械打入。洛阳铲及滑锤为土钉施工专用工具，锚杆钻机及潜孔锤等多用于锚杆成孔，地质钻机及多功能钻探机等除用于锚杆成孔外，更多用于地质勘察。洛阳铲是一种传统的造孔工具，成孔最深可达 15m，成孔直径一般为 50~80mm。成孔时人工用力将铲击入孔洞中，使土挤入铲头内，反复几次将土装满，然后旋转一定角度将铲内土与原状土分开，再把铲拉出洞外倒土。洛阳铲一般适用于素填土、冲洪积黏性土及砂性土，在风化岩、砂土、软土及杂填土中成孔困难。每台班可施打钢管土钉 100~150m。滑锤制作简单：将两条轨道固定在支腿高度可调节的支架上，带有限位装置的铁块可以在两条轨道之间滑动，人工将铁块拉向支架尾端，再用力向前快速推进撞击钢管，将之打入土中。待打入钢管通过对中架限位及定位，击入至接近设计长度时，由于对中架阻碍，铁块不能直接击到钢管，中间要加入工具管。目前最常用的打入机具为气动潜孔锤，施工速度快，一台潜孔钻每台班可冲孔或施打钢管土钉 150~250m，机具轻小，人工搬运方便。边坡土钉墙施工时有时采用某类带气动冲击功能的钻探机，如果空压机功率足够大，成孔速度非常快。

成孔方式分为干法及湿法两类，需靠水力成孔或泥浆护壁的成孔方式为湿法，不需要时则为干法。孔壁"抹光"会降低浆土的黏结作用，经验表明，泥浆护壁土钉达到一定长度后，在各种土层中能提供的抗拔承载力最大约 200kN。故湿法成孔或地下水丰富采用回转或冲击回转方式成孔时，不宜采用膨润土或其他悬浮泥浆做钻进护壁，宜采用套管跟进方式成孔。成孔时应做好成孔记录，当根据孔内出土性状判断土质与原勘察报告不符合时，应及时通知相关单位处理。因遇障碍物需调整孔位时，宜将废孔注浆处理。

湿法成孔或干法在水下成孔后孔壁上会附有泥浆、泥渣等，干法成孔后孔内会残留碎屑、土渣等，这些残留物会降低土钉的抗拔力，需分别采用水洗及气洗方式清除。水洗时仍需使用原成孔机械冲清水洗孔，但清水洗孔不能将孔壁泥皮洗净，如果洗孔时间长，则容易塌孔，且水洗会降低土层的力学性能及与土钉的黏结强度，应尽量少用；气洗孔也称扫孔，使用压缩空气，压力一般为 0.2~0.6MPa，压力不宜太大以防塌孔。水洗及气洗时需将水管或风管通至孔底后开始清孔，边清边拔管。

2. 浆液制备及注浆

拌和水中不应含有影响水泥正常凝结和硬化的物质，不得使用污水。一般情况下，适合饮用的水均可作为拌和水。如果拌制水泥砂浆，应采用细砂，最大粒径不大于 2.0mm，灰砂质量比为 1:1~1:0.5。砂中含泥量不应大于 5%，各种有害物质含量不宜大于 3%。水泥净浆及砂浆的水灰比宜为 0.4~0.6。水泥和砂子按质量计算。应避免人工拌浆，机械搅拌浆液时间一般不应小于 2min，要拌和均匀。水泥浆应随拌随用，一次拌和好的浆液应在初凝前用完，一般不超过 2h，在使用前应不断缓慢搅拌。要防止石块、杂物混入浆液中。开始注浆前或中途停止超过 30min 时，应用水或稀水泥浆润滑注浆泵及其管路。钻孔注浆土钉通常采用简便的重力式注浆，将金属或 PVC 注浆管插入孔内，管口离孔底 200~500mm，启动注浆泵开始送浆，因孔洞倾斜，浆液可靠重力填满全孔，孔口快溢浆时拔管，边拔边送浆。水泥浆凝结硬化后会产生干缩，在孔口要二次甚至多次补浆。重力式注浆不可太快，防止喷浆及孔内残留气孔。

为提高注浆效果，可采用稍为复杂一点的压力注浆法，用密封袋、橡胶圈、布袋、混凝土、水泥砂浆、黏土等材料堵住孔口，将注浆管插入至孔底 0.2~0.5m 处注浆，边注浆边向孔口方向拔管，直至注满。因为孔口被封闭，注浆时有一定的注浆压力，为 0.4~0.6MPa。钢管注浆土钉注浆压力不宜小于 0.6MPa，且应增加稳压时间。若久注不满，在排除水泥浆渗入地下管道或冒出地表等情况后，可采用间歇注浆法，即暂停一段时间，待已注入浆液初凝后再次注浆。如果密封效果好，还应该安装一根小直径排气管把孔口内空气排出，防止压力过大。

3. 面层施工顺序

因施工不便及造价较高等原因，基坑工程中极少采用预制钢筋混凝土面层，基本上都采用喷射混凝土面层，在坡面较缓、工程量不大等情况下有时也采用现浇方法，或水泥砂浆抹面。一般要求喷射混凝土分两次完成，先喷射底层混凝土，再施打土钉，之后安装钢筋网，最后喷射表层混凝土。土质较好或喷射厚度较薄时，也可先铺设钢筋网，之后一次喷射而成。如果设置两层钢筋网，则要求分三次喷射，先喷射底层混凝土，施打土钉，设置底层钢筋网，再喷射中间层混凝土，将底层钢筋网完全埋入，最后敷设表层钢筋网，喷射表层混凝土。先喷射底层混凝土再施打土钉时，土钉成孔过程中会有泥浆或泥土从孔口淌出散落，附着在喷射混凝土表面，需要洗净，否则会影响与表层混凝土的黏结。

4. 安装钢筋网

当设计和配置的钢筋网对喷射混凝土工作干扰最小时，才能获得最致密的喷射混凝土。

应尽可能使用直径较小的钢筋。必须采用大直径钢筋时，应特别注意用混凝土把钢筋握裹好。钢筋网一般现场绑扎接长，应当搭接一定长度，通常为150~300mm。也可焊接，搭接长度应不小于10倍钢筋直径。钢筋网在坡顶向外延伸一段距离，用通长钢筋压顶固定，喷射混凝土后形成护顶。设置两层钢筋网时，如果混凝土只一次喷射不分三次，则两层钢筋网位置不应前后重叠，而应错开放置，以免影响混凝土密实。钢筋网与受喷面的距离不应小于2倍最大骨料粒径，一般为20~40mm。通常用插入受喷面土体中的短钢筋固定钢筋网，如果采用一次喷射法，应该在钢筋网与受喷面之间设置垫块以形成保护层，短钢筋及限位垫块间距一般为0.5~2.0m。钢筋网片应与土钉、加强钢筋、固定短钢筋及限位垫块连接牢固，喷射混凝土时钢筋网在拌合料冲击下不应有较大晃动。

5. 喷射混凝土

（1）工艺 喷射混凝土是借助喷射机械，利用压缩空气作为动力，将按设计配合比制备好的拌合料，通过管道输送并以高速喷射到受喷面上凝结硬化而成的一种混凝土。喷射混凝土不是依靠振动捣实混凝土，而是在高速喷射时，由水泥与骨料的反复连续撞击使混凝土压密，同时又因水灰比较小（一般为0.4~0.45），所以具有较高的力学强度和良好的耐久性。喷射法施工时可在拌合料中方便地加入各种外加剂和外掺料，大大改善混凝土的性能。喷射混凝土按施工工艺分为干喷、湿喷及水泥裹砂3种形式。

1）干喷法。干喷法将水泥、砂、石在干燥状态下拌和均匀，然后装入喷射机，用压缩空气使干骨料在软管内呈悬浮状态压送到喷嘴，并与压力水混合后进行喷射，其特点为：①能进行远距离压送；②机械设备较小、较轻，结构较简单，购置费用较低，易于维护；③喷头操作容易、方便；④养护容易；⑤水灰比相对较小，强度相对较高；⑥因混合料为干料，喷射速度又快，故粉尘污染及回弹较严重，效率较低，浪费材料较多，产生的粉尘危害工人健康，通风状况不好时污染较严重；⑦拌和水在喷嘴处加入，混凝土的水灰比是由喷射人员根据经验及肉眼观察进行调节的，控制较难，混凝土质量在一定程度上取决于喷射人员等作业人员的技术熟练程度及敬业精神。

2）湿喷法。湿喷法将骨料、水泥和水按设计比例拌和均匀，用湿式喷射机压送到喷头处，再在喷头上添加速凝剂后喷出，其特点为：①能事先将包括水在内的各种材料准确计量，充分拌和，水灰比易于控制，混凝土水化程度高，故强度较为均匀，质量容易保证；②混合料为湿料，喷射速度较低，回弹少，节省材料；干法喷射时，混凝土回弹度可达15%~50%；采用湿喷技术，回弹率可降低到10%~20%；③大大降低了机旁和喷嘴外的粉尘浓度，对环境污染少，对作业人员危害较小；④生产率高：干式混凝土喷射机一般不超过5m³/h，而使用湿式混凝土喷射机，人工作业时可达10m³/h；采用机械作业时，则可达20m³/h；⑤不适宜远距离压送；⑥机械设备较复杂，购置费用较高；⑦流料喷射时，常有脉冲现象，喷头操纵较困难；⑧养护较难；⑨喷层较厚的软岩和渗水隧道不宜使用。

工程中还有半湿式喷射及潮式喷射等形式，其本质上仍为干式喷射。为了将湿喷法的优点引入干喷法中，有时采用在喷嘴前几米的管路处预先加水的喷射方法，此为半湿式喷射法。潮式喷射则是将骨料预加少量水，使之呈潮湿状，再加水泥拌和，从而降低上料、拌和及喷射时的粉尘，但大量的水仍是在喷头处加入和喷出的，其喷射工艺流程和使用机械与干喷法相同。暗挖工程施工现场使用潮式喷射工艺较多。

（2）材料

1）水泥。喷射混凝土应优先选用早强型硅酸盐水泥及普通硅酸盐水泥，因为这两种水泥的 C_3S 和 C_3A 含量较高，早期强度及后期强度均较高，且与速凝剂相容性好，能速凝。复合硅酸盐水泥种类较多，也可选用，目前基坑喷射混凝土使用 P·C32.5R 水泥较多。其余要求同一般混凝土用水泥。

2）砂子。喷射混凝土宜选用中粗砂，细度模数大于 2.5。砂子过细，会使干缩增大；砂子过粗，则会增加回弹，且水泥用量增大。砂子中小于 0.075mm 的颗粒不应超过 20%，否则由于骨料周围粘附灰尘，会妨碍骨料与水泥的良好黏结。

3）石子。卵石或碎石均可。混凝土的强度除了取决于骨料的强度外，还取决于水泥浆与骨料的黏结强度，同时骨料的表面越粗糙界面黏结强度越高，因此用碎石比用卵石好。但卵石对设备及管路的磨蚀较小，也不像碎石那样因针片状含量多而易引起管路堵塞，便于施工。试验表明，在一定范围内骨料粒径越小，分布越均匀，混凝土强度越高。骨料最大粒径减少不仅增加了骨料与水泥浆的黏结面积，而且骨料周围有害气体减少，水膜减薄，容易拌和均匀，从而提高了混凝土的强度。石子的最大粒径不应大于 20mm，工程中常常要求不大于 15mm，粒径小也可减少回弹量。骨料级配对喷射混凝土拌合料的可泵性、通过管道的流动性、在喷嘴处的水化、对受喷面的黏附以及最终产品的表观密度和经济性都有重大影响，为取得最大的表观密度，应避免使用间断级配的骨料。经过筛选后应将所有超过尺寸的大块除掉，因为这些大块常常会引起管路堵塞。

4）外加剂。可用于喷射混凝土的外加剂有速凝剂、早强剂、引气剂、减水剂、增黏剂、防水剂等，国内基坑土钉墙工程中常加入速凝剂或早强剂，湿喷法有时加入引气剂。加入速凝剂的主要目的是使喷射混凝土速凝快硬，减少回弹损失，防止喷射混凝土因重力作用所引起的脱落，提高对潮湿或含水岩土层的适应性能，以及可适当加大一次喷射厚度和缩短喷射层间的间隔时间。

5）骨料含水量及含泥量。骨料含水量过大易引起水泥预水化，含水量过小则颗粒表面可能没有足够的水泥黏附，也没有足够的时间使水与干拌合料在喷嘴处拌和，这两种情况都会造成喷射混凝土早期强度和最终强度的降低。干法喷射时骨料的最佳平均含水量约为 5%，低于 3% 时骨料不能被水泥充分包裹，回弹较多，硬化后密实度低，高于 7% 时材料有成团结球的趋势，喷嘴处的料流不均，并容易引起堵管。骨料中含泥量偏多会带来降低混凝土强度、加大混凝土的收缩变形等一系列问题，含泥量过多时须冲洗干净后使用。骨料运输及使用过程中也要防止受到污染。一般允许石子的含泥量不超过 3%，砂的含泥量不超过 5%。

6. 拌合料制备

（1）胶骨比 喷射混凝土的胶骨比即水泥与骨料之比，常为 1:4~1:4.5。水泥过少，回弹量大，初期强度增长慢；水泥过多，产生粉尘量增多、恶化施工条件，硬化后的混凝土收缩也增大，经济性也不好。水泥用量超过临界量后混凝土强度并不随水泥用量的增大而提高，且强度可能会下降，研究表明这一临界量约为 $400kg/m^3$。水泥用量过多，则混凝土中起结构骨架作用的骨料相对变少，且拌合料在喷嘴处瞬间混合时，水与水泥颗粒混合不均匀，水化不充分，这都会造成混凝土最终强度降低。

（2）砂率 砂率即砂子在粗细骨料中所占的质量比，对喷射混凝土施工性能及力学性能有较大影响。拌合料中的砂率小，则水泥用量少，混凝土强度高，收缩小，但回弹损失大，管路易堵塞，湿喷时的可泵性不好，综合权衡利弊，以45%~55%为宜。

（3）水灰比 水灰比是影响喷射混凝土强度的主要因素之一。干喷法施工时，预先不能准确地给定拌合料中的水灰比，水量全靠喷射人员在喷嘴处调节，一般来说喷射混凝土表面出现流淌、滑移及拉裂时，表明水灰比过大；若表面出现干斑，作业过程中粉尘大、回弹多，则表明水灰比过小。水灰比适宜时，混凝土表面平整，呈水亮光泽，粉尘和回弹均较少。实践证明，适宜的水灰比值为0.4~0.5，过大或过小不仅降低混凝土强度，也增加了回弹损失。

（4）配合比 工程中常用的经验配合比（质量比）有3种，即水泥∶砂∶石 = 1∶2∶2.5，水泥∶砂∶石 = 1∶2∶2，水泥∶砂∶石 = 1∶2.5∶2，根据材料的具体情况选用。

（5）制备作业 干拌法基本上均采用现场搅拌方式，湿拌法以商品混凝土居多。拌合料应搅拌均匀，搅拌机搅拌时间通常不少于2min，有外加剂时搅拌时间要适当延长。运输、存放、使用过程中要防止拌合料离析，防止雨淋、滴水及杂物混入。为防止水泥预水化的不利影响，拌合料应随拌随用。不掺速凝剂时，拌合料存放时间不应超过2h；掺速凝剂时，存放时间不应超过20min。无论是干喷还是湿喷，配料时骨料、水泥及水的温度不应低于5℃。

7. 喷射作业及养护

喷射前，应将坡面上残留的土块、岩屑等松散物质清扫干净。喷射机的工作风压要适中，过高则喷射速度快，动能大，回弹多；过低则喷射速度慢，压实力小，混凝土强度低。喷射时喷嘴应尽量与受喷面垂直，喷嘴与受喷面在常规风压下距离宜为0.8~1.2m，以使回弹最少及密实度最大。一次喷射厚度要适中，太厚则降低混凝土压实度、易流淌，太薄易回弹，以混凝土不滑移、不坠落为标准，一般以50~80mm为宜，加速凝剂后可适当提高，厚度较大时应分层，在上一层终凝后即喷下一层，一般间隔2~4h。分层喷射一般不会影响混凝土强度。喷嘴不能在一个点上停留过久，应有节奏地、系统地移动或转动，使混凝土厚度均匀。一般应采用从下到上的喷射次序，自上而下的次序易因回弹物在坡脚堆积而影响喷射质量。喷射2~4h后应洒水养护，一般养护3~7d。

 习 题

1. 土钉墙的构成组件有哪些？

2. 土钉墙的类型有哪些？

3. 土钉设计包括哪几项？

4. 土钉的布置要遵循什么原则？

5. 土钉面层混凝土材料有什么要求？

6. 某基坑开挖深度为4.5m，基坑安全等级为三级。地面作用均布荷载 $q = 20$kPa，开挖深度及影响范围内的地层为黏性土，天然重度标准值 $\gamma_k = 18.2$kN/m^3，黏聚力标准值 $c_k = 25$kPa，内摩擦角标准值 $\varphi_k = 18°$，采用土钉墙支护。共三层土钉，土钉水平距离为1m，第一层土钉在地面下1m处，第二层土钉在地面下2.5m处，第三层土钉在地面下4m处，土钉墙的放坡比例为1∶0.5（高度∶坡宽）。采用打入式钢管土钉，钢管直径为48mm，壁厚为3mm，钢牌号Q235，土钉与水平面夹角$\alpha = 15°$，土钉与黏性土的极限黏结强度标准值$q_{sk} = 50\mathrm{kPa}$。土钉墙支护计算简图如图4-13所示。

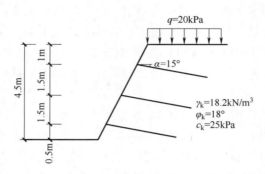

图 4-13 土钉墙支护计算简图

请计算：（1）每层土钉轴向拉力标准值。

（2）每层土钉极限抗拔承载力标准值。

（3）土钉长度是否满足要求。

第5章 水泥土重力式围护墙

水泥土重力式围护墙是以水泥系材料为固化剂,通过搅拌机械采用喷浆施工将固化剂和地基土强行搅拌,形成连续搭接的水泥土柱状加固体挡墙。目前常用的重力式围护墙加固方法有水泥土搅拌桩和高压喷射注浆。

水泥土搅拌桩是指利用一种特殊的搅拌头或钻头,在地基中钻进至一定深度后,喷出固化剂,使其沿着钻孔深度与地基土强行拌和而形成的加固土桩体。固化剂通常采用水泥浆体或石灰浆体。

目前常用的施工机械有:双轴水泥土搅拌机、三轴水泥土搅拌机、高压喷射注浆机。

高压喷射注浆是指将固化剂形成高压喷射流,借助高压喷射流的切削和混合,使固化剂和土体混合,达到加固土体的目的。

■ 5.1 水泥土的发展与现状

搅拌法原是我国及古罗马、古埃及等文明古国,以石灰为拌和材料,应用最早而且流传最广泛的一种加固地基土的方法。例如,我国房屋或道路建设中传统的灰土垫层(或面层),就是将石灰与土按一定比例拌和、铺筑、碾压或夯实而成;又如我国的万里长城和西藏佛塔、古罗马的加普亚军用大道、古埃及的金字塔和尼罗河的河堤等,都是用灰土加固地基的范例。

搅拌桩最早于20世纪50年代初问世于美国。但自20世纪60年代以后的发展直到现在,不论在施工机械、质量检测、设计方法、工程应用等方面均以日本和瑞典领先于世。经过40多年的应用和研究,已形成了一种基础和支护结构两用、海上和陆地两用、水泥和石灰两用、浆体和粉体两用、加筋和非加筋两用的软土地基处理技术,它可根据加固土受力特点沿加固深度合理调整它的强度,施工操作简便、效率高、工期短、成本低,施工中无振动、无噪声、无泥浆废水污染,土体侧移或隆起较小。故在世界各地获得广泛的应用,并在应用中得到进一步发展。

我国自1977年以来在中央部属和地方各级科研、设计、施工、生产、高校等单位的共同协作努力下,仅10余年时间开发研制出了适合我国国情、具有不同特色而且互相配套的多种专用搅拌机械和由地质钻机等改装成功的搅拌机械,并且已经形成了庞大的专业施工队伍。每年施工各种搅拌桩达数千万延长米之多,施工点遍布沿海和内陆的软土地区。

　　搅拌桩在我国应用的前 10 年中，其主要用途是加固软土，构成复合地基以支承建筑物或结构物。将搅拌桩用于基坑工程，虽在其发展初期已有成功的实例，但大量应用则是 20 世纪 90 年代初随着我国各地高层建筑和地下设施大量兴建而迅速兴起的，其中尤以上海及沿海各地应用最为广泛。与此同时，在设计中利用弹塑性有限元分析、土工离心模拟试验等方法，结合基坑开挖现场监测，对搅拌桩重力式围护墙的稳定和变形特性进行了深入的研究。通过 20 多年的应用与研究，搅拌桩重力式围护墙的结构、计算和构造等均有了较大的发展，也出现了一些新的水泥土与其他受力构件相结合的结构形式。

■ 5.2　水泥土重力式围护墙的适用条件及特点

　　水泥土重力式围护墙是无支撑自立式挡土墙，依靠墙体自重、墙底摩阻力和墙前基坑开挖面以下土体的被动土压力稳定墙体，以满足围护墙的整体稳定、抗倾覆稳定、抗滑稳定和控制墙体变形等要求。可近似看作软土地基中的刚性墙体，其变形主要表现为墙体水平平移、墙顶前倾、墙底前滑以及几种变形的叠加等。

　　水泥土重力式围护墙的破坏形式主要有以下几种：

　　1）由于墙体入土深度不够，或由于墙底土体太软弱，抗剪强度不够等原因，导致墙体及附近土体整体滑移破坏，基底土体隆起，如图 5-1a 所示。

　　2）由于墙体后侧发生挤土施工、基坑边堆载、重型施工机械作用等引起墙后土压力增加，或者由于墙体抗倾覆稳定性不够，导致墙体倾覆，如图 5-1b 所示。

　　3）由于墙前被动区土体强度较低、设计抗滑稳定性不够，导致墙体变形过大或整体刚性移动，如图 5-1c 所示。

　　4）当设计墙体抗压强度、抗剪强度或抗拉强度不够，或者由于施工质量达不到设计要求时，导致墙体压、剪或拉等破坏，如图 5-1d 所示。

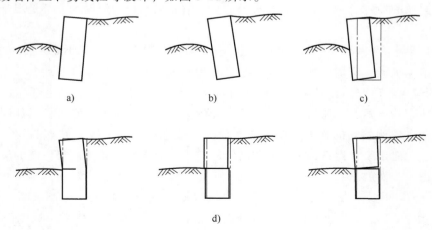

图 5-1　水泥土重力式围护墙的破坏形式

5.2.1　水泥土重力式围护墙的适用条件

1. 基坑开挖深度

水泥土重力式
围护墙适用条件

采用水泥土重力式围护墙的基坑开挖深度起先一般不超出 5m，自 20 世纪 90 年代起，陆续出现开挖深度超出 6m 的基坑。1993 年底施工的某商厦的基坑开挖深度达 9.5m（部分达 12.1m），平面面积达 12900m²。基坑开挖越深，面积越大，墙体侧向位移越难以控制，水泥土重力式围护墙开挖深度超过 7m 的基坑工程，墙体最大位移可能达到 20cm 以上，使工程的风险相应增加。鉴于目前施工机械、工艺和控制质量的水平限制，开挖深度不宜超过 7m。

由于水泥土重力式围护墙侧向位移控制能力在很大程度上取决于桩身的搅拌均匀性和强度指标，相比其他基坑围护墙来说，位移控制能力较弱。因此，在基坑周边环境保护要求较高的情况下，若采用水泥土重力式围护墙，基坑深度应控制在 5m 以内，降低工程的风险。

2. 土质条件

国内外试验研究和工程实践表明，水泥土搅拌桩和高压喷射注浆均适用于加固淤泥质土、含水量较高而地基承载力小于 120kPa 的黏土、粉土、砂土等软土地基。对于地基承载力较高、黏性较大或较密实的黏土或砂土，可采用先行钻孔套打、添加外加剂或其他辅助方法施工。

当土中含高岭石、多水高岭石、蒙脱石等矿物时，加固效果较好；土中含伊利石、氯化物和水铝英石等矿物时，加固效果较差，土的原始抗剪强度小于 20~30kPa 时，加固效果也较差。

水泥土搅拌桩当用于泥炭土或土中有机质含量较高，酸碱度（pH 值）较低（<7）及地下水有侵蚀性时，宜通过试验确定其适用性。

当地表杂填土层厚度大或土层中含直径大于 100mm 的石块时，宜慎重采用搅拌桩。

3. 环境条件

水泥土重力式围护墙在整个施工过程中对环境可能产生两个方面的影响：

1）水泥土重力式围护墙的体量一般较大，搅拌桩施工过程中由于注浆压力的挤压作用，周边土体会产生一定的隆起或侧移。

2）基坑开挖阶段围护墙的侧向位移较大，会使坑外一定范围的土体产生沉降和变位。因此，在基坑周边距离 1~2 倍开挖深度范围内存在对沉降和变形较敏感的建（构）筑物时，应慎重选用水泥土重力式围护墙。

5.2.2　水泥土重力式围护墙的优点与缺点

水泥土重力式围护墙结构与其他支护体系相比，具有以下优点：

1）施工时无振动、噪声小、无泥浆废水污染。

2）施工操作简便、成桩工期较短、造价较低。

3）基坑开挖时一般不需要支撑、拉锚。

4）隔水防渗性能良好。

5）基坑内空间宽敞，方便土方开挖和后期结构施工。

6）墙体顶面可设置路面行驶施工车辆，而路面结构又可增加墙体刚度。

7）同一墙体可设计成变截面、变深度、变强度。

8）有利于缩短综合工期。

9）可就近利用一部分粉煤灰等工业废料作为固化剂的外掺剂。

水泥土重力式围护墙在应用上存在以下缺点：

1）对有机质含量高、pH 值低（<7）、初始抗剪强度甚低（<20kPa）的土，或土中含伊利石、氯化物、水铝石英等矿物及地下水具有侵蚀性时，加固效果差。

2）贯穿地面或地下硬土或其他障碍物有困难，有时可用冲水或注水下沉解决，有时难以解决。

3）根据国内现有设备，目前常用的支挡高度为 4~7m；一般情况下，当采用湿法（喷浆）施工时，开挖深度不超过 7m；当支挡高度较大或工程量较大时，可能不经济。

4）墙体占地面积大，水泥土搅拌桩按格栅形布置，墙宽为 0.7~1.0 倍开挖深度，桩插入基坑底深度为 0.8~1.4 倍开挖深度。

5）水泥用量较大，以一般软土中 10m 深的墙体（包括插入坑底部分）为例，每 100 延长米墙体需水泥 500~600t。

6）成桩后需要 28d 以上的养护期，一般不能立即开挖土方。

7）与有支撑支护结构相比，重力式围护基坑周围地基变形较大，对邻近建筑物或地下设施影响较大。

■ 5.3 水泥土重力式围护墙的设计计算

围护结构的设计计算一般包括三方面的内容，即稳定性验算、支护结构强度设计和基坑变形计算。稳定性验算是指分析基坑周围土体或土体与围护体系一起保持稳定性的能力；支护结构强度设计是指分析计算支护结构的内力使其满足构件强度设计的要求；变形计算的目的是控制基坑开挖对周边环境的影响，保证周边相邻建筑物、构筑物和地下管线等的安全。

重力式围护墙的破坏形态归纳为两类：第一，因基坑土体强度不足、地下水渗流作用而造成基坑失稳，包括基坑内外侧土体整体滑动失稳；基坑底土体隆起；地层因承压水作用，管涌、渗漏等。第二，因支护结构的强度、刚度或稳定性不足引起支护系统破坏而造成基坑倒塌、破坏。重力式围护墙的设计计算包括稳定性验算、墙体应力验算、格栅验算和墙体变形计算。其中稳定性验算包括整体稳定性、坑底抗隆起稳定性、墙体绕前趾的抗倾覆稳定性、沿墙底面的抗滑移稳定性和抗渗流稳定性等。

5.3.1 整体稳定性分析

重力式围护墙整体稳定采用瑞典条分法（Fellenius 法）。该法假定滑动面是一个圆弧面，并认为条块间的作用力对边坡的整体稳定性影响不大，可以忽略，或者说，假定每一土条两侧条间力合力方向均和该土条底面相平行，而且大小相等、方向相反且作用在同一直线上，因此在考虑力和力矩平衡条件时可相互抵消。然而，这种假定在两个土条之间并不满足，对安全系数的计算结果，这样所造成的误差有时可高达60%以上。

图5-2所示为匀质土坡及其中任一土条上的作用力。土条宽度为b_i，W_i为该土条的自重，N_i和T_i分别为作用于该土条底部的总法向反力和切向阻力，土条底部的坡脚为$\alpha_i > 0$，滑弧的长度为l_i，R为滑动面圆弧的半径。毕肖普（Bishop）等将土坡稳定安全系数F_s定义为整个滑动面的抗剪强度τ_f与实际产生的剪应力τ之比。

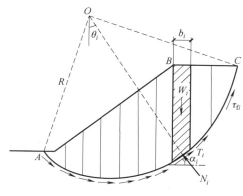

图5-2　瑞典条分法

假设整个滑动面AC上的平均安全系数为F_s，按照安全系数的定义，土条底部的切向阻力τ_i为

$$\tau_i = \tau l_i = \frac{\tau_f}{F_s} l_i = \frac{c_i l_i + N_i \tan \varphi_i}{F_s} \tag{5-1}$$

式中　c_i——第i条土条下土体黏聚力；

φ_i——第i条土条下土体内摩擦角。

由于不考虑条间的作用力，根据土条底部法向力的平衡条件，可得

$$N_i = W_i \cos \theta_i \tag{5-2}$$

结合式（5-1）可见，$T_i \neq W_i \sin \theta_i$，因此土条的力多边形不闭合，即本法不满足土条的静力平衡条件。按整体力矩平衡条件，各土条外力对圆心的力矩之和应当为零，即

$$\sum W_i R \sin \theta_i = \sum \tau_i R \tag{5-3}$$

将式（5-1）、式（5-2）带入式（5-3）中并简化，可得：

$$F_s = \frac{\sum (c_i l_i + W \cos \theta_i \tan \varphi_i)}{\sum W_i \sin \theta_i} \geqslant 1.3 \tag{5-4}$$

5.3.2　黏土基坑不排水条件下的抗隆起稳定性分析

对于黏土基坑抗隆起稳定问题，由于基坑开挖时间较短且黏性土渗透性较差，可采用总应力分析方法。对黏土基坑不排水条件下抗隆起稳定性分析的传统方法是太沙基（Terzaghi）（1943年）以及比耶鲁姆（Bjerrum）和艾德（Eide）（1956年）所提出的基于承载力模式的极限平衡方法。这一类方法一般是在指定的破坏面上进行验算，分析

黏土基坑不排水
条件下的抗隆
起稳定性验算

计算时还可能会做一些假定。目前该类方法仍然在工程实践中应用。

太沙基（1943 年）分析黏土基坑抗隆起稳定性的模式如图 5-3 所示。基坑开挖深度为 H，基坑宽度为 B，土体不排水强度记为 S_u，坚硬土层的埋置深度距基坑开挖地面的距离记为 T。

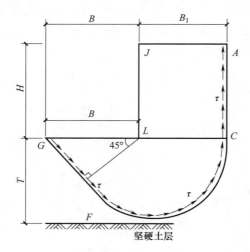

图 5-3　太沙基（1943 年）抗隆起稳定性分析的模式

基于地基承载力的理念，太沙基（1943 年）给出了用稳定系数表达的抗隆起稳定性分析表达式为

$$\frac{\gamma H}{S_u} = 5.7 + \frac{H}{B_1} \tag{5-5}$$

式中　$\dfrac{\gamma H}{S_u}$——稳定系数；

　　5.7——考虑基地完全粗糙时的地基承载力系数 N_c 值。

当 $T \geqslant B/\sqrt{2}$ 时，$B_1 = B/\sqrt{2}$；当 $T \leqslant B/\sqrt{2}$ 时，$T = B_1$。

一般认为，太沙基（1943 年）的抗隆起稳定性分析的模式适用于比较浅或宽的基坑抗隆起稳定性分析问题，即适用于 $H/B \leqslant 1.0$ 的情况。

5.3.3　抗倾覆稳定性分析

抗倾覆和抗滑
移稳定性验算

验算重力式围护结构的抗倾覆稳定性时，通常假定围护结构绕其前趾转动，计算简图如图 5-4 所示，相应的计算公式可表示为

$$K_q = \frac{M_{Rk}}{M_{Sk}} \geqslant 1.3 \tag{5-6}$$

式中　M_{Sk}——坑外侧土压力、水压力以及墙后地面荷载所产生的侧压力对墙底前趾的倾覆力矩标准值（kN·m），可表示为

$$M_{Sk} = F_a Z_a + F_w Z_w \tag{5-7}$$

　　M_{Rk}——水泥土围护墙自重以及坑内墙前被动侧压力对墙底前趾的稳定力矩标准值（kN·m）；

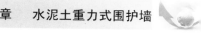

$$M_{Rk} = F_p Z_p + \frac{G_k B}{2} \tag{5-8}$$

G_k——水泥土重力式围护墙结构的自重标准值（kN）。

以上验算对土层条件较好的情况基本上是合理的，但对于墙底土较软弱时，就会发现，支护墙体的插入深度在一定范围内变化时，其插入比（D/H）越大计算的抗倾覆稳定系数越小的不合理现象，究其原因就在于转动点位置选择不合理。对于重力式围护墙结构的倾覆转动中心位置对计算结果的影响以及转动点位置的合理选择，许多学者进行了研究，提出了各自的观点和解决办法，但直到目前为止，还没有找到确定转动中心的合适方法。

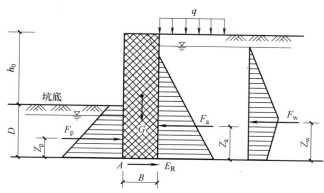

图 5-4　抗倾覆和抗滑移稳定性计算简图

5.3.4　抗水平滑移稳定性分析

如图 5-4 所示，抗滑移稳定性验算主要考察围护结构水平方向上作用力系的平衡问题。安全系数可以按下式进行，即

$$K_H = \frac{E_{Rk}}{E_{Sk}} \geqslant 1.2 \tag{5-9}$$

式中　E_{Sk}——沿墙底面的滑动力标准值（kN），包括坑外侧土压力、水压力以及墙后地面荷载所产生的侧压力，$E_{Sk} = F_a + F_w$；

$\quad\quad E_{Rk}$——沿墙底面的抗滑动力标准值（kN），$E_{Rk} = G_k \tan\varphi_{0k} + c_{0k} B + F_p$；

$\quad\quad G_k$——水泥土重力式围护墙结构的自重标准值（kN）；

φ_{0k}、c_{0k}——墙底土层的内摩擦角标准值（°）和黏聚力标准值（kPa）。

【例 5-1】　某基坑开挖深度为 4.2m，采用水泥土重力式围护墙支护，支护结构安全性等级为三级。水泥土桩为 $\phi700mm @ 500mm$，墙体宽度为 3.2m，嵌固深度为 3m，墙体重度取 $20kN/m^3$。坑外地下水位为地面下 1m，坑内地下水位为地面下 5m，墙体剖面、地层分布及各土层的重度 γ、黏聚力 c 以及内摩擦角 φ 如图 5-5 所示。地面施工荷载 $q = 15kPa$。计算水泥土重力式围护墙的抗滑移稳定性。

解：（1）土压力计算　经计算可得主动、被动土压力大小及作用位置，如图 5-6 所示。

（2）墙体自重　取计算单元为 1m，可得墙体自重

$$G = (1 \times 7.2 \times 3.2 \times 20) kN = 460.8 kN$$

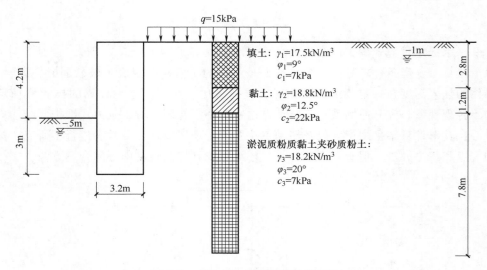

图 5-5 水泥土重力式围护墙剖面图

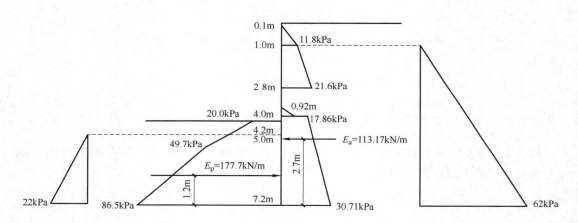

图 5-6 土压力大小及作用位置

（3）抗滑移稳定性验算

$$\mu_{\mathrm{m}} = \frac{\gamma_{\mathrm{m}}(h_{\mathrm{wa}} + h_{\mathrm{wp}})}{2} = \left(10 \times \frac{6.2 + 2.2}{2}\right) \mathrm{kPa} = 42\mathrm{kPa}$$

$$K_{\mathrm{H}} = \frac{E_{\mathrm{p}} + (G - \mu_{\mathrm{m}}B)\tan\varphi_3 + c_3 B}{E_{\mathrm{a}}}$$

$$= \frac{177.7 + 24.2 + (460.8 - 42 \times 3.2) \times \tan 20° + 7 \times 3.2}{113.17 + 192.2} = 1.12$$

5.3.5 抗渗流稳定性分析

渗透破坏主要表现为管涌、流土（也称为流砂）和突涌。这三种渗透破坏的机理是不同的。管涌是指在渗透水流作用下，土中细粒在粗粒所形成的孔隙通道中被移动，流失，土的孔隙不断扩大，渗流量也随之加大，最终导致土体内形成贯通的渗流通道，土体发生破坏的现象。而流土则是指在向上的渗流水流作用下，表层局部范围的土体和土颗粒同时发生悬浮、移动的现象。只要满足式（5-10）的条件，原则上任何土均可发生流土，只不过有时砂土在流土的临界水力坡降达到以前一般已先发生管涌破坏。管涌是一个渐进破坏的过程，可以发生在任何方向渗流的逸出处，这时常见浑水流出，或水中带出细粒；也可以发生在土体内部。在一定级配的（特别是级配不连续的）砂土中常有发生，其水力坡降 $i = 0.1 \sim 0.4$，对于不均匀系数 $C_u < 10$ 的均匀砂土，更多的是发生流土。

$$i = i_{cr} = \frac{\gamma'}{\gamma_w}$$ （5-10）

1. 抗渗流稳定性验算

抗渗流稳定性验算的图示如图 5-7 所示。

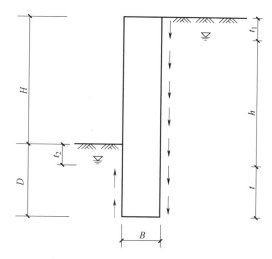

图 5-7　抗渗流稳定性计算简图

要避免基坑发生流土破坏，需要在渗流出口处保证满足下式，即

$$\gamma' \geqslant i\gamma_w$$ （5-11）

式中　γ'、γ_w——土体的浮重度和地下水的重度（kN/m^3）；

i——渗流出口处的水力坡降。

计算水力坡降 i 时，渗流路径可近似地取最短的路径即紧贴围护结构位置的路线以求得最大水力坡降值为

$$i = \frac{h}{h+2t+B}$$ （5-12）

定义抗渗流稳定性安全系数为

$$K = \frac{\gamma'}{i\gamma_w} = \frac{\gamma'(h+2t+B)}{\gamma_w h}$$ （5-13）

抗渗流稳定性安全系数 K 的取值带有很大的地区经验性，如《深圳地区建筑深基坑支护技术规范》（SJG 05—2011）规定，对一、二、三级支护工程，分别取 2.00、1.80、1.60；上

海市《基坑工程技术标准》（DG/T J08-61—2018）规定，取 1.5～2.0，当基坑开挖面以下为砂土、砂质粉土或黏性土与粉性土中有明显薄层粉砂夹层时取大值。

2. 突涌验算

当基坑下存在不透水层且不透水层又位于承压水层之上时，应验算坑底突涌，若有可能突涌，则须采用减压井降水以保证安全。

突涌计算图示如图 5-8 所示，计算原则为自基坑底部到承压水层上界面范围内（即 $h+t$）土体的自重压力应大于承压水的压力。

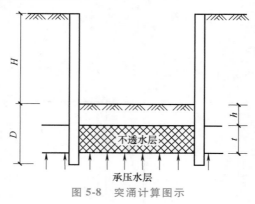

图 5-8　突涌计算图示

3. 抗渗流稳定的两种情况

1）当坑底以下有承压水被不透水层隔开时，设围护结构插入深度为 D，承压水的水头压力为 p_w，坑底土的饱和重度为 γ_m，则坑底土层抗渗流稳定分项系数 γ_{Rw} 为

$$\gamma_{Rw} = \frac{\gamma_m(h+t)}{p_w} \tag{5-14}$$

式中　γ_m——承压水层以上坑底土的饱和重度（kN/m^3）；

　　　p_w——承压水的水头压力（kPa）；

　　　γ_{Rw}——基坑底土层抗渗流稳定分项系数，见表 5-1。

2）当地层中无承压水层或承压水层埋置深度很深时，坑底土层抗渗流稳定分项系数由下式计算：

$$\gamma_{Rw} = \frac{\gamma_m D}{\gamma_w\left(\dfrac{1}{2}h'+D\right)} \tag{5-15}$$

式中　h'——基坑内外地下水位的水头差（m）。

抗渗流和抗承压水稳定安全指标见表 5-1。

表 5-1　基坑抗渗流及抗承压水稳定性指标

规　范	抗渗流及抗承压水稳定性指标
《建筑地基基础设计规范》（GB 50007—2011）	1.1
《建筑基坑工程技术规范》（YB 9258—1997）	抗渗流取 1.4～1.6，抗承压水取 1.1
上海市《基坑工程设计规程》（DB/T J08-61—2018）	抗渗流 1.5～2.0，抗承压水取 1.05
上海市《地基基础设计规范》（DG J08-11—2018）	抗渗流取 2.0，抗承压水取 1.05

5.3.6　墙体应力验算

墙体破坏最危险截面在坑底附近，最危险截面处墙体应力应满足式（5-16）、式（5-17）和式（5-18）的要求。

墙体应力验算

$$\gamma_Q h_0 - \frac{6M}{B^2} \geq 0.15 f_{cs} \tag{5-16}$$

$$\gamma_0 \gamma_s (\gamma_Q h_0 + q) + \frac{6M}{B^2} \leq f_{cs} \tag{5-17}$$

$$\frac{E_{ak} - \mu G - E_{pk}}{B} \leq \frac{1}{6} f_{cs} \tag{5-18}$$

$$M = \frac{(h_0 - z_0) F_{a0}}{3} + \frac{(h_0 - z_1) F_{w0}}{3} + \frac{q h_0^2 K_a}{2} \tag{5-19}$$

$$F_{a0} = \gamma_e (h_0 - z_0)^2 K_a / 2 \tag{5-20}$$

$$F_{w0} = \gamma_w (h_0 - z_1)^2 / 2 \tag{5-21}$$

$$z_0 = \frac{2c_0}{\gamma_0 \tan\left(45° - \dfrac{\varphi_0}{2}\right)} \tag{5-22}$$

式中　γ_0——工程重要系数；

γ_s——荷载综合分项系数，取 1.25；

h_0——开挖面以上墙体高度（m）；

γ_Q——墙体的重度（kN/m³）；

B——墙体的宽度（m）；

c_0——坑底以上各土层黏聚力按土层厚度的加权平均值（kPa）；

φ_0——坑底以上各土层内摩擦角按土层厚度的加权平均值（°）；

γ_e——坑底以上各土层有效重度按土层厚度的加权平均值（kN/m³）；

η——墙体截面水泥土置换率，为水泥土加固体和墙体截面面积之比；

γ_w——地下水的重度（kN/m³）；

z_1——坑外地下水面至自然地面的距离（m）；

q——墙后地面超载（kN/m²）；

μ——墙体材料抗剪断系数，取 0.4~0.5；

E_{ak}——主动水土压力合力；

E_{pk}——被动水土压力合力。

5.3.7　格栅验算

水泥土重力式围护墙结构加固体平面通常呈格栅形布置，如图 5-9 所示。

每个格子的土体面积应满足下式，即

$$A \leqslant \gamma_{\mathrm{f}} \frac{c_0 u}{\gamma}$$

(5-23)

式中 u——格子的周长（m），按图中规定的边框线计算；

　　γ_{f}——分项系数。对砂土和砂质粉土取 0.7，黏土取 0.5。

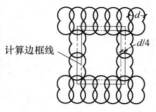

图 5-9　格栅截面布置验算　　　　　　格栅截面验算

【例 5-2】　如图 5-10 所示支护形式，基坑开挖深度为 4.2m，采用水泥土重力式围护墙支护，墙体宽度为 3.2m，墙体重度取 20kN/m³。坑外地下水位为地面下 1m，坑内地下水位为地面下 5m，墙体剖面、地层分布及各土层的重度 γ、有效重度 γ'、黏聚力 c 及内摩擦角 φ 如图 5-10 所示。地面施工荷载 $q = 10\text{kPa}$。若墙体截面水泥土置换率为 0.7，水泥土的无侧限抗压强度设计值为 0.8MPa，考虑水泥土加固体强度的不均匀性，试进行水泥土重力式围护墙的截面承载力验算。若平面采用格栅式布置，格栅布置平面图如图 5-11 所示，则格栅内的土体面积应满足什么要求？

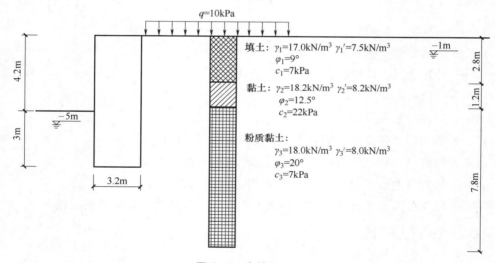

图 5-10　支护剖面图

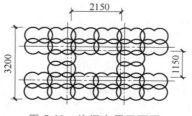

图 5-11　格栅布置平面图

解：（1）截面承载力验算

$$c_0 = \frac{\sum c_i H_i}{\sum H_i} = \left(\frac{7\times2.8+22\times1.2+7\times0.2}{4.2}\right)\text{kPa} = 11.3\text{kPa}$$

$$\varphi_0 = \frac{\sum \varphi_i H_i}{\sum H_i} = \frac{9°\times2.8\text{m}+12.5°\times1.2\text{m}+20°\times0.2\text{m}}{4.2\text{m}} = 10.5°$$

$$\gamma_e = \frac{\sum \gamma_i' H_i}{\sum H_i} = \left(\frac{17.0\times1+7.5\times1.8+8.2\times1.2+8.0\times0.2}{4.2}\right)\text{kN/m}^3 = 10.0\text{kN/m}^3$$

则

$$K_a = \tan^2\left(45°-\frac{\varphi_0}{2}\right) = \tan^2\left(45°-\frac{10.5°}{2}\right) = 0.69$$

$$z_0 = \frac{2c_0}{\gamma_e \tan\left(45°-\frac{\varphi_0}{2}\right)} = \left[\frac{2\times11.3}{10.0\times\tan\left(45°-\frac{10.5}{2}\right)}\right]\text{m} = 2.7\text{m}$$

$$F_{a0} = \gamma_e (h_0-z_0)^2 K_a/2 = \left[10.0\times(4.2-2.7)^2\times0.69/2\right]\text{kN/m} = 7.76\text{kN/m}$$

$$F_{w0} = \gamma_w (h_0-z_1)^2/2 = \left[10.0\times(4.2-1.0)^2/2\right]\text{kN/m} = 51.2\text{kN/m}$$

$$M = \frac{(h_0-z_0)F_{a0}}{3} + \frac{(h_0-z_1)F_{w0}}{3} + \frac{qh_0^2 K_a}{2}$$

$$= \left[\frac{(4.2-2.7)\times7.76}{3} + \frac{(4.2-1.0)\times51.2}{3} + \frac{10\times4.2^2\times0.69}{2}\right]\text{kN}\cdot\text{m}$$

$$= 119.35\text{kN}\cdot\text{m}$$

$$\gamma_Q h_0 - \frac{6M}{B^2} = \left(20\times4.2 - \frac{6\times119.35}{3.2^2}\right)\text{kN/m}^2 = 14.07\text{kN/m} \geqslant 0$$

$$\gamma_s\left(\gamma_Q h_0+q+\frac{6M}{\eta B^2}\right) = 1.25\times\left(20\times4.2+10+\frac{6\times119.35}{0.7\times3.2^2}\right)\text{kPa}$$

$$= 242.4\text{kPa} \leqslant q_u/(2\gamma_j) = 800\text{kPa}/(2\times1.2) = 333.3\text{kPa}$$

故坑底处墙体应力满足要求。

（2）格栅面积验算　由图 5-11 可求得计算周长

$$u = 2\times(1150+2150)\text{mm} = 6600\text{mm} = 6.6\text{m}$$

水泥土重力式围护墙深度范围内的土体平均重度

$$\gamma_m = \frac{17.0\times2.8+18.2\times1.2+18.0\times3.2}{7.2}\text{kN/m}^3 = 17.6\text{kN/m}^3$$

格栅内土体的黏聚力取为 11.3kPa。

则格栅内的土体面积

$$A \leqslant \frac{c_0 u}{\gamma \gamma_f} = \frac{11.3\times6.6}{17.6\times2}\text{m}^2 = 2.12\text{m}^2$$

5.3.8　墙体变形计算

当水泥土重力式围护墙符合墙宽 $B = (0.7\sim1.0)h_0$、坑底以下插入深度 $D = (0.8\sim1.4)h_0$

（h_0 为基坑开挖深度）时，墙顶的水平位移量可按下式估算

$$\delta_{OH} = \frac{0.18\xi K_a L h_0^2}{DB}$$

(5-24)

式中 δ_{OH}——墙顶估算水平位移（cm）；

     L——开挖基坑的最大边长（m），超过 100m 时，取为 100m；

     ξ——施工质量影响系数，取 0.8~1.5。

经验公式法来自数十个工程实测资料。水泥土重力式围护墙的水平位移除对开挖深度特别敏感之外，还受围护墙的宽度、插入深度和土质条件等的影响。施工质量是个不可忽略的因素，在按规定的正常工序施工时，一般取 $\xi = 1.0$；达不到正常施工工序控制要求，但平均水泥用量达到要求时，可取 $\xi = 1.5$。对施工质量控制严格、经验丰富的施工单位，可取 $\xi = 0.8~1.0$。

■ 5.4 水泥土重力式围护墙的构造要求

5.4.1 水泥土重力式围护墙的平面布置

水泥土重力式围护墙的墙体宽度可按经验确定，一般墙宽 B 可取开挖深度 h_0 的 0.7~1.0 倍；平面布置有满膛布置、格栅形布置和宽窄结合的锯齿形布置等，常用的平面布置形式为格栅形布置，可节省工程量。

双轴水泥土搅拌桩重力式围护墙平面布置如图 5-12 所示。

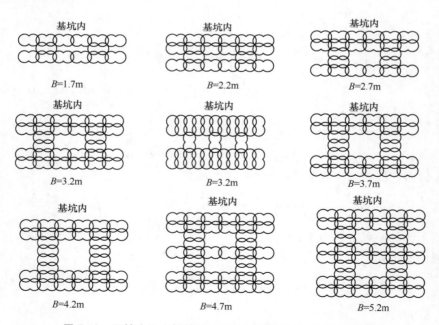

图 5-12　双轴水泥土搅拌桩重力式围护墙常见平面布置形式

三轴水泥土搅拌桩重力式围护墙平面布置如图 5-13 所示。

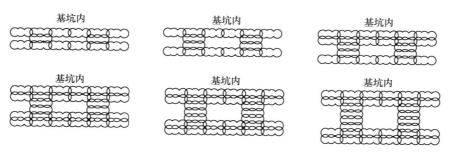

图5-13　三轴水泥土搅拌桩重力式围护墙常见平面布置形式

高压旋喷注浆水泥土重力式围护墙平面布置如图5-14所示。

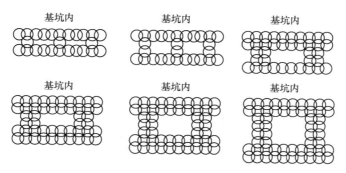

图5-14　高压旋喷注浆水泥土重力式围护墙常见平面布置形式

截面置换率为水泥土截面面积和断面外包面积之比，由于采用搭接施工，水泥土的实际工程量略大于按置换率计算量。

5.4.2　水泥土重力式围护墙的竖向布置

水泥土重力式围护墙坑底以下的插入深度 D 一般可取开挖深度 h_0 的 $0.8 \sim 1.4$ 倍，断面布置有等断面布置、台阶形布置等，常见的布置形式为台阶形布置，如图5-15所示。

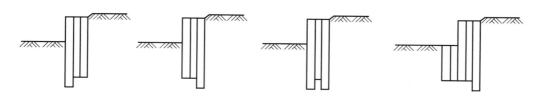

图5-15　台阶形布置

5.4.3　水泥土重力式围护墙加固体技术要求

1）水泥土水泥掺合量以每立方加固体所拌和的水泥质量计，常用掺合量为双轴水泥土搅拌桩 $12\% \sim 15\%$，三轴水泥土搅拌桩 $18\% \sim 22\%$，高压喷射注浆不少于 25%。

2）水泥土加固体的强度以龄期28d的无侧限抗压强度 q_u 为标准，q_u 应不低于0.8MPa。

3）水泥土加固体的渗透系数不大于 10^{-7} cm/s，水泥土围护墙兼作隔水帷幕。

4）水泥土重力式围护墙搅拌桩搭接长度应不小于 200mm。墙体宽度大于等于 3.2m 时，前后墙厚度不宜小于 1.2m。在墙体圆弧段或折角处，搭接长度宜适当加大。水泥土加固体在习惯上称为搅拌桩，相邻桩搭接部分的截面为双弧形，搭接长度 200mm 指搅拌转轴中心连线位置的最大搭接长度。

5）水泥土重力式围护墙转角及两侧剪力较大的部位应采用搅拌桩满打、加宽或加深墙体等措施对围护墙进行加强。

6）当基坑开挖深度有变化时，墙体宽度和深度变化较大的断面附近应当对墙体进行加强。

水泥土重力式
围护墙压顶板
及连接的构造

5.4.4　水泥土重力式围护墙压顶板及连接的构造

1）水泥土重力式围护墙结构顶部需设置 150~200mm 厚的钢筋混凝土压顶板，压顶板应设置双向配筋，钢筋直径不小于 8mm，间距不大于 200mm。墙顶现浇的混凝土压顶板是水泥土重力式围护墙的一个组成部分，不但有利于墙体整体性，防止因坑外地表水从墙顶渗入围护墙格栅而损坏墙体，也有利于施工场地的合理利用。

2）水泥土重力式围护墙内、外排加固体中宜插入钢管、毛竹等加强构件。加强构件上端应进入压顶板，下端宜进入开挖面以下。目前常用的方法是内排或内外排搅拌体内插钢管，深度至开挖面以下，对开挖较浅的基坑，可以插毛竹，毛竹直径不小于 50mm。

3）水泥土加固体与压顶板之间应设置连接钢筋。连接钢筋上端应锚入压顶板，下端应插入水泥土加固体中 1~2m，间隔梅花形布置。

■ 5.5　控制和减少墙体变形的措施

为了有效地控制和减少水泥土重力式围护墙的变形，在墙体设计和施工过程中可采取以下措施：

1）增加墙体的宽度。

2）沿围护边长方向每隔 20~30m 增加重力墩。

3）适度增加围护墙的插入深度。

4）在坑内开挖面以下加加固墩。

5）在水泥土加固体中插型钢、钢管、刚性桩或增加土锚等。

6）基坑开挖施工时采取分段、分层开挖等。

■ 5.6　施工要点

5.6.1　施工机械

双轴水泥土搅拌机，每施工一次可形成一幅双联"8"字形的水泥土搅拌桩。主机由动滑轮组、电动机、减速器、箱体、钻杆、搅拌头、输浆管、保持架等组成，如图 5-16 所示。

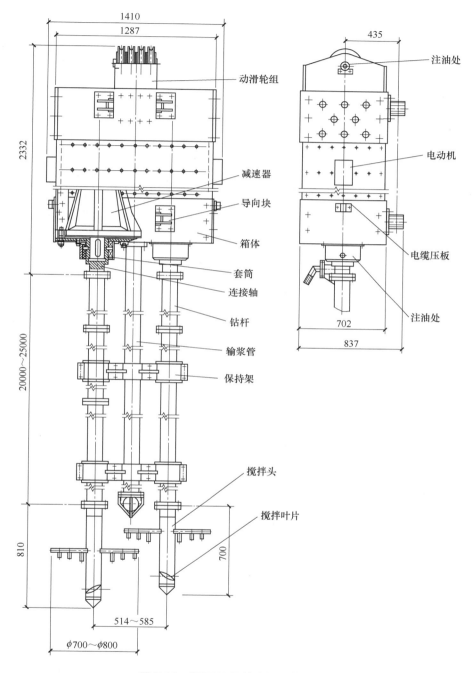

图 5-16　SJBF45 双轴水泥土搅拌机

1. 双轴水泥土搅拌桩（喷浆）施工顺序和注意事项

施工顺序如图 5-17 所示。

工艺流程如图 5-18 所示。

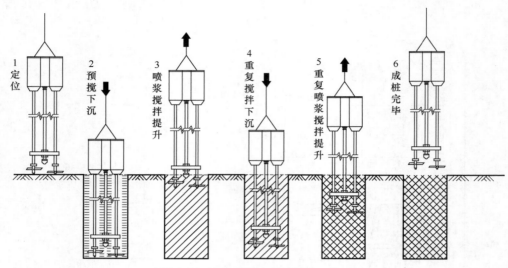

图 5-17　双轴水泥土搅拌桩施工顺序

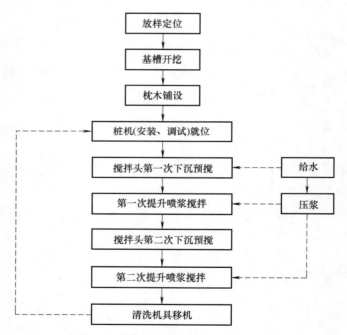

图 5-18　双轴水泥土搅拌桩施工工艺流程

（1）桩机（安装、调试）就位

（2）预搅下沉　待搅拌机及相关设备运行正常后，启动搅拌机电动机，放松桩机钢丝绳，使搅拌机旋转切土下沉，钻进速度不大于 1.0m/min。

（3）制备水泥浆　当桩机下降到一定深度时，即开始按设计及试验确定的配合比拌制水泥浆。水泥浆采用普通硅酸盐水泥，强度等级为 42.5 级，严禁使用快硬型水泥。制浆时，水泥拌和时间不得少于5min，制备好的水泥浆不得离析、沉淀，每个存浆池必须配备专门搅拌机具进行搅拌，以防止水泥浆离析、沉淀，已配制好的水泥浆在倒入存浆池时，应加箍过滤，以免浆内结块。水泥浆存放时间不得超过 2h，否则应予以废弃。注浆压力控制在 0.5～1.0MPa，流量控制在 30~50L/min，单桩水泥用量严格按设计计算量，浆液配合比为水泥：清水 = 1：（0.45~0.55），制好水泥浆，通过控制注浆压力和泵量，使水泥浆均匀地喷搅在桩体中。

（4）提升喷浆搅拌　当搅拌机下降到设计标高时，打开送浆阀门，喷送水泥浆。确认水泥浆已到桩底后，边提升边搅拌，确保喷浆均匀性，同时严格按照设计确定的提升速度提升搅拌机。平均提升速度不大于 0.5m/min，确保喷浆量，以满足桩身强度达到设计要求。在水泥土搅拌桩成桩过程中，如遇到故障停止喷浆时，应在 12h 内采取补喷措施，补喷重叠长度不小于 1.0m。

（5）重复搅拌下沉和喷浆提升　当搅拌头提升至设计桩顶标高后，再次重复搅拌至桩底，第二次喷浆搅拌提升至地面停机，复搅时下钻速度不大于 1m/min，提升速度不大于 0.5m/min。

（6）移位　钻机移位，重复以上步骤，进行下一根桩的施工。相邻桩施工时间间隔保持在 16h 内，若超过 16h，在搭接部位采取加桩防渗措施。

（7）清洗　当施工告一段落后，向集料斗中注入适量清水，开启灰浆泵，清洗全部管路中的残存的水泥浆，并将黏附在搅拌头上的软土清洗干净。

2. 双轴水泥土搅拌桩重力式围护墙施工工艺

（1）工艺试成桩　试成桩的目的是确定各项施工技术参数，其中包括：

1）搅拌机钻进深度，桩底、桩顶或喷浆面、停浆面标高。

2）搅拌机提升速度与浆泵流量的匹配。

3）每米桩长或每根桩的送浆量、浆液到达喷浆口的时间。

4）双轴水泥土搅拌机单位时间（min）内，固化剂浆液的喷出量 q（kN），取决于搅拌头叶片直径、固化剂掺入比及搅拌机钻头提升速度。其计算公式为

$$q = \frac{\pi}{4}D^2\gamma_s a_w v \tag{5-25}$$

式中　D——搅拌头叶片直径（m）；

　　　γ_s——土的重度（kN/m³）；

　　　a_w——固化剂掺入比（%）；

　　　v——搅拌头提升速度（m/min）。

5）当喷浆量为定值时，土体中任意一点经搅拌头搅拌的次数越多，加固效果越好，搅拌次数 t 与搅拌头的叶片、转速和提升速度有如下关系：

$$t = \frac{h\sum zn}{v} \tag{5-26}$$

式中　h——搅拌轴叶片垂直投影高度（m）；

　　　n——搅拌头转速（r/min）；

　　　v——搅拌头提升速度（m/min）；

　　　$\sum z$——搅拌头叶片总数；

　　　z——单个搅拌头叶片数。

（2）施工参数与质量标准　水泥土搅拌桩采用 42.5 级新鲜普通硅酸盐水泥，单幅桩断面一般 Φ700@500mm 双头搭接 200mm，常用水泥掺入比为被加固湿土重的 12%~15%，在暗浜区水泥掺量应再适当提高，水灰比为 0.45~0.55。搅拌桩垂直度偏差不得小于 1%，桩位偏差不得大于 50mm，桩径偏差不得大于 4%。

（3）施工浆液拌制及管理　水泥浆液应按预定配合比拌制，每根桩所需水泥浆液一次单独拌制完成；制备好的泥浆不得离析，停置时间不得超过 2h，否则应废弃，浆液倒入时应加筛过滤，以免浆内结块，损坏泵体。供浆必须连续，搅拌均匀。一旦因故停浆，为防止断桩和缺浆，应使搅拌机钻头下沉至停浆面以下 1.0m，待恢复供浆后再喷浆提升。如因故停机超过 3h，应先拆卸输浆管路，清洗后备用，以防止浆液结硬堵管。泵送水泥浆前管路应保持湿润，以便输浆。应定期拆卸清洗浆泵，注意保持齿轮减速箱内润滑油的清洗。

（4）施工技术

1）水泥土搅拌桩施工必须坚持两喷三搅的操作顺序，且喷浆搅拌时，搅拌头提升速度不宜大于 0.5m/min，钻头每转一圈提升（或下降）量以 1.0~1.5cm 为宜，最后一次提升搅拌宜采用慢速提升，当喷浆口达桩顶标高时，宜停止提升，搅拌数秒，以保证桩头均匀密实。水泥土搅拌桩预搅下沉时不宜冲水，当遇到较硬黏土层下沉太慢时，可适当冲水，但应考虑冲水成桩对桩身质量的影响。水泥土搅拌桩应连续搭接施工，相邻桩施工间隙不得超过 12h，如因特殊原因造成搭接时间超过 12h，应对最后一根桩先进行空钻留出榫头，以待下一批桩搭接，如间隙时间太长，超过 24h 与下一根桩无法搭接时，须采取局部补桩或注浆措施。

2）对于双轴水泥土重力式围护墙内套打钻孔灌注围护桩时，钻孔桩待重力式围护墙施工结束，未完成形成强度之前套打施工。水泥土重力式围护墙顶部插钢筋和插脚手架钢管，必须在成桩后 2~4h 后完成，应确保重力式墙体内插钢筋和钢管的插入可行性。水泥土搅拌桩成桩后 7d，采取轻便触探器，连续钻取桩身加固土样，检查墙体的均匀性和桩身强度，若不符合设计要求应及时调整施工工艺。水泥土重力式围护墙顶面的混凝土面应尽早铺筑，并使面层钢筋与水泥土重力式围护墙锚固筋（插筋）连成一体，混凝土面层未完成或未达设计强度，基坑不得开挖。水泥土重力式围护墙须达到 28d 龄期或达到设计强度，基坑方可进行开挖。

（5）施工安全　当发现搅拌机的入土切削和提升搅拌负荷太大及电动机工作电流超过额定值时，应减慢升降速度或补给清水；发生卡钻、憋车等现象时应切断电源，并将搅拌机强制提升出地面，然后再重新启动电动机。当电网电压低于 350V 时，应暂停施工，以保护电动机。

5.6.2　质量检验

水泥土重力式围护墙的质量检验按成桩施工期、开挖前和开挖期三个阶段进行。

1. 成桩施工期

成桩施工期质量检验包括机械性能、材料质量、配合比试验等材料的验证，以及逐根检查桩位、桩长、桩顶标高、桩架垂直度、桩身水泥掺量、上提喷浆速度、外掺剂掺量、水灰比、搅拌和喷浆起止时间、喷浆量的均匀、搭接桩施工间歇时间等。

成桩施工期质量检测标准应符合表 5-2 中的规定。

表 5-2　成桩施工期质量检测标准

检 查 项 目	质 量 标 准
水泥及外掺剂	设计要求
水泥用量	参数指标
水灰比	设计及施工工艺要求
桩底标高	±100mm
桩顶标高	+100mm、−50mm
桩位偏差	<50mm
垂直度偏差	<1%
搭接	≥200mm
搭接桩施工间歇时间	<16h

2. 基坑开挖前

基坑开挖前的质量检测宜在围护结构压顶板浇注之前进行。检测包括桩身强度的验证和桩数的复核。对开挖深度超过 5m 的基坑应采用制作试块和钻取桩芯的方法检验桩长和桩身强度。

1）试块制作应采用 70.7mm×70.7mm×70.7mm 立方体试模，宜每个机械台班制作一组。试块载荷试验宜在龄期 28d 后进行。

2）钻取桩芯宜采用 φ110mm 钻头，连续钻取全桩长范围内的桩芯，桩芯应呈硬塑状态并无明显的夹泥、夹砂断层。取样数量不少于总桩数的 1% 且不少于 5 根。有效桩长范围内的桩身强度应符合设计要求。

3. 基坑开挖期

基坑开挖期的质量检测主要通过外观检验开挖面桩体的质量以及墙体和坑底渗漏水情况。

 习　　题

1. 请简述重力式围护墙的适用范围。
2. 重力式围护墙的施工机械有哪些？
3. 双轴水泥土搅拌桩和三轴水泥土搅拌桩的区别是什么？
4. 重力式围护墙对掺入水泥的要求有哪些？
5. 栅格形布置的类型有哪些？
6. 抗渗流稳定性验算的时候墙体宽度有何影响？
7. 某粉质黏土场地，上覆杂填土厚度为 1m，地下水位埋深 2m，杂填土重度为 18kN/m³，内摩擦角为 21°，粉质黏土重度为 18.5kN/m³，内摩擦角为 28°，黏聚力为 30kPa，孔隙比为 0.75，相对密度为 2.72，某建筑需 7m 深基坑，拟采用重力式围护墙，水泥土重度为 21kN/m³，无侧限抗压强度为 0.8MPa，请设计此重力式围护墙。（假设整体圆弧滑动时转动中心在墙顶，圆弧与墙体相切）

第6章 锚 杆

　　锚杆支护作为一种支护方式，与传统的支护方式有着根本的区别，传统的支护方式常常是被动承受坍塌岩土体产生的荷载，而锚杆可以主动地加固岩土体，有效地控制其变形，防止坍塌的发生。

　　锚杆支护于19世纪末20世纪初初现雏形，20世纪50年代以前，锚杆只是作为施工过程中的一种临时性措施。20世纪50年代中期，在国外的隧道中开始广泛使用小型永久性的灌浆锚杆喷射混凝土代替以往的隧道衬砌结构。20世纪70年代开始，国外许多大城市修建地下车站或地下建筑物时，大量采用锚杆与地下连续墙联合支护。锚杆支护技术于20世纪60年代引入我国，经过40多年的研究与实践，我国锚固技术获得了长足进步，尤其近年来，发展更快。

　　我国沿海经济发达地区大面积分布着深厚淤泥质土，含水量高、孔隙比大、强度低、灵敏度高，成孔较困难。技术人员通过改造施工工艺，取得了成功：采用液压钻机慢转速钻进，尽可能减少钻进过程对锚固地层的扰动；用泥浆循环冲洗，排除孔内残土；设土工布注浆袋、采用二次注浆；一般18m长锚杆的抗拔力大于120kN，所以锚杆在淤泥质土中也极具应用价值。

■ 6.1 锚杆的类型

　　锚杆的常见类型如图6-1所示。

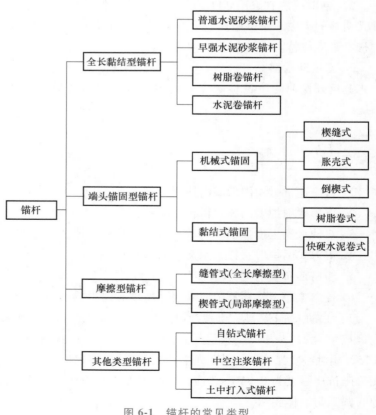

图 6-1　锚杆的常见类型

楔缝锚杆、倒楔锚杆是早期发展的锚杆，现应用较少；胀壳锚杆则因结构复杂，成本较高，应用也较少。

6.2　锚杆支护的作用原理

锚杆支护的
作用原理

锚杆是将受拉杆件的一端（锚固段）固定在稳定地层中，另一端与工程构筑物相连接，用以承受由于土压力、水压力等施加于构筑物的推力，从而利用地层的锚固力以维持构筑物（或岩土层）的稳定。锚杆外露于地面的一端用锚头固定。一种情况是锚头直接附着结构上并满足结构的稳定；另一种情况是通过梁板、格构或其他部件将锚头施加的应力传递于更为宽广的岩土体表面。对于锚固作用原理的认识，可归纳为以下两种不同的理论：

一种是建立在结构工程概念上，其基本特征是"荷载—结构"模式。把岩土体中可能破坏坍塌部分的重力作为荷载由锚杆支护承担。其中锚杆支护的悬吊理论最具有代表性，该理论要求锚杆长度穿越塌落高度，把坍塌的岩土体悬吊起来。这一类型的理论是20世纪70年代以前发展形成的，是沿着结构工程的概念，采用结构力学的方法论述的。

另一种是岩体锚杆，则是建立在岩体工程概念上，充分发挥围岩的自稳能力，防围岩破坏于未然。支护与适时、合理的施工步骤相结合，主要作用在于控制岩体变形和位移，改善岩体应力状态，提高岩体强度，使岩体与支护共同达到新的平衡稳定。这一类型的理论是按照岩体工程概念，采用岩体力学、岩体工程地质学的方法，对岩体进行稳定性分析及锚固支护加固效果分析。该类型理论从20世纪80年代初逐步发展完善，更能发挥岩体自身强度高、自稳能力好的优点。

6.3　锚杆支护的特点

锚杆支护的特点

岩土锚固通过埋设在地层中的锚杆，将结构物与地层紧紧地联系在一起，依赖锚杆与周围地层的抗剪强度传递结构物的拉力或使地层自身得到加固，以保持结构物和岩土体稳定。与其他支护形式比较，锚杆支护具有以下特点：

1）提供开阔的施工空间，极大地方便土方开挖和主体结构施工。锚杆施工机械及设备的作业空间不大，适合各种地形及场地。

2）对岩土体的扰动小；在地层开挖后，能立即提供抗力，且可施加预应力，控制变形发展。

3）锚杆的作用部位、方向、间距、密度和施工时间可以根据需要灵活调整。

4）用锚杆代替钢或钢筋混凝土支撑，可以节省大量钢材，减少土方开挖量，改善施工条件，尤其对于面积很大、支撑布置困难的基坑。

5）锚杆的抗拔力可通过试验确定，可保证设计有足够的安全度。

根据使用锚杆的特征及地质条件，有如下建议：

1）锚拉结构宜采用钢绞线锚杆，锚杆抗拉承载力要求较低时，也可采用钢筋锚杆。当环境保护不允许在支护结构使用功能完成后锚杆杆体滞留在地层内时，应采用可拆芯钢绞线锚杆。

2）在易塌孔的松散或稍密的砂土、碎石土、粉土、填土层，高液性指数的饱和黏性土层，高水压力的各类土层中，钢绞线锚杆、钢筋锚杆宜采用套管护壁成孔工艺。

3）锚杆注浆宜采用二次压力注浆工艺。

4）锚杆锚固段不宜设置在淤泥、淤泥质土、泥炭、泥炭质土及松散填土层内。

5）在复杂地质条件下，应通过现场试验确定锚杆的适用性。

锚杆的设计计算

■ 6.4　锚杆的设计计算

锚杆的计算主要是指锚杆的极限抗拔承载力计算。锚杆的抗拔承载力与锚杆截面（含杆体截面）、锚固段长度、锚固段土层性质以及注浆方式有关。

锚固体设计就是针对特定的地层条件和锚杆形式，确定锚杆承载力和锚杆长度。为了使锚杆应力能传入稳定的地层，通常采用以下方法：

1）用机械装置把锚索固定在坚硬稳定的地层中。

2）用注浆体把锚固段锚杆体与孔壁黏结在一起。

3）用扩大锚头钻孔等手段把锚固段固定在稳定地层中。

锚杆性能很大程度上取决于所锚固地层性质，而地层的变化极其复杂，不可能用一个简单的公式准确计算锚固力。锚固体设计仅适用于设计者初步设计时估算锚杆锚固力，通常需要通过现场试验确定锚杆在特定地层中的锚固力和锚固性能。锚杆设计一般需要符合以下要求：

1）锚杆设计应在调查、试验、研究的基础上，充分考虑锚固区地层的工程地质、水文地质条件和工程的重要性。

2）在满足工程使用功能的条件下，应确保锚固设计具有安全性和经济性。

3）确保锚杆施加于结构或地层上的预应力不对结构物本身和相邻结构物产生不利影响，锚固体产生的位移应控制在允许范围内。

4）永久锚杆的有效寿命不应小于被加固结构物的服务年限。

5）设计采用的锚杆均应在进行锚固性能试验后才能用于工程加固。

6）锚固设计结果与试验结果有较大差别时，应在调整锚固设计参数后重新进行试验。

6.4.1　锚杆钢筋截面面积

锚杆预应力钢筋截面面积可按下式确定，即

$$A = \frac{KN_t}{f_{prk}} \tag{6-1}$$

式中　N_t——锚杆的设计轴向拉力；

K——锚杆的安全系数；

f_{prk}——钢丝、钢绞线、钢筋强度标准值。

6.4.2 锚杆极限锚固力和锚固段长度计算

锚杆的极限锚固力：

锚固体与土 $\qquad\qquad P = KN_t = \pi D l_d q_r$ $\qquad\qquad$ (6-2)

钢筋与锚固体 $\qquad\qquad P = KN_t = n\pi d l_d \zeta q_s$ $\qquad\qquad$ (6-3)

则锚固段长度可按下式计算（并取其中的较大值），即

$$l_d = \frac{KN_t}{\pi D q_r} \qquad\qquad (6-4)$$

$$l_d = \frac{KN_t}{n\pi d \zeta q_s} \qquad\qquad (6-5)$$

式中 l_d——锚杆锚固段长度（m）；

$\quad\ N_t$——锚杆轴向拉力设计值（kN）；

$\quad\ K$——黏结抗拔安全系数，依据《岩土锚杆与喷射混凝土支护工程技术规范》（GB 50086—2015），见表6-1；

$\quad\ D$——锚固体直径（m）；

$\quad\ d$——单根钢筋或钢绞线直径（m）；

$\quad\ n$——钢绞线或钢筋根数；

$\quad\ q_r$——灌浆体与地层间的黏结强度设计值（kPa），可取0.8倍标准值；

$\quad\ q_s$——灌浆体与钢绞线或钢筋间的黏结强度设计值（kPa），可取0.8倍标准值；

$\quad\ \zeta$——采用2根或2根以上钢绞线或钢筋时，筋材与灌浆体间黏结强度降低系数，取 0.6~0.85。

表6-1 我国岩土预应力锚杆锚固体设计的安全系数

锚固工程安全等级	破坏后果	安全系数	
		临时锚杆	永久锚杆
		<2年	≥2年
I	危害大，会构成公共安全问题	1.8	2.2
II	危害较大，但不致出现公共安全问题	1.6	2.0
III	危害较轻，不构成公共安全问题	1.5	2.0

表6-2、表6-3分别为我国有关标准中建议的岩土体与注浆体、注浆体与杆体间的黏结强度：

表6-2 锚杆锚固段注浆体与周边地层间的极限黏结强度标准值

岩土类别			极限黏结强度标准值 f_{mg}/（N/mm²）
岩石	坚硬岩		1.5~2.5
	较硬岩		1.0~1.5
	软岩		0.6~1.2
	极软岩		0.6~1.0
砂砾	标贯值 N	10	0.1~0.2
		20	0.15~0.25
		30	0.25~0.30
		40	0.30~0.40

（续）

岩 土 类 别			极限黏结强度标准值 f_{mg}/（N/mm^2）
砂	标贯值 N	10	0.10~0.15
		20	0.15~0.20
		30	0.20~0.27
		40	0.28~0.32
		50	0.30~0.40
黏性土	软塑		0.02~0.04
	可塑		0.04~0.06
	硬塑		0.05~0.07
	坚硬		0.08~0.12

注：1. 表中数值为锚杆黏结段长 10m（土层）或 6m（岩石）的灌浆体与岩土层间的平均极限黏结强度经验值，灌浆体采用一次注浆；若对锚固段注浆采用带袖阀管的重复高压注浆，其极限黏结强度标准值可显著提高，提高幅度与注浆压力大小关系密切。

2. N 为标准贯入试验锤击数。

3. 本表取自《岩土锚杆与喷射混凝土支护工程技术规范》（GB 50086—2015）。

表 6-3　锚杆锚固段注浆体与杆体间的黏结强度设计值　（单位：MPa）

锚杆类型	杆体预应力筋种类	灌浆体抗压强度/MPa			
		20	25	30	40
临时	预应力螺纹钢筋	1.4	1.6	1.8	2.0
	钢绞线、普通钢筋	1.0	1.2	1.35	1.5
永久	预应力螺纹钢筋	—	1.2	1.4	1.6
	钢绞线、普通钢筋	—	0.8	0.9	1.0

表 6-4 为土体与锚固体极限摩阻力标准值。

表 6-4　土体与锚固体极限摩阻力标准值

土 的 名 称	土 的 状 态	$q_{sk,i}$/kPa
填土	—	16~30
淤泥质土	—	16~20
黏性土	$I_L>1$	18~30
	$0.75<I_L\leqslant1$	30~40
	$0.50<I_L\leqslant0.75$	40~53
	$0.25<I_L\leqslant0.50$	53~65
	$0<I_L\leqslant0.25$	65~73
	$I_L\leqslant0$	73~90
粉土	$e>0.90$	22~44
	$0.75<e\leqslant0.90$	44~64
	$e<0.75$	64~100
粉细砂	稍密	22~42
	中密	42~63
	密实	63~85

（续）

土的名称	土的状态	$q_{sk,i}/kPa$
中砂	稍密	54～74
	中密	74～90
	密实	90～120
粗砂	稍密	80～130
	中密	130～170
	密实	170～220
砾砂	中密、密实	190～260

注：1. 表中 $q_{sk,i}$ 为采用直孔一次常压灌浆工艺计算值；当采用二次灌浆、扩孔工艺时可适当提高。

2. 本表取自《建筑基坑支护技术规程》（JGJ 120—2012）。

6.4.3 锚杆承载力验算

锚杆的极限抗拔承载力应符合下式要求，即

$$\frac{R_k}{N_k} \geqslant K_t \tag{6-6}$$

式中 K_t——锚杆综合抗拔安全系数，安全等级为一级、二级、三级的支护结构，K_t 取值分别不应小于 1.8、1.6、1.4；

N_k——锚杆轴向拉力标准值（kN）；

R_k——锚杆极限抗拔承载力标准值（kN）。

不满足式 $\frac{R_k}{N_k} \geqslant K_t$ 要求时，应调整锚杆长度或者锚固体直径。

【例6-1】 某基坑开挖深度为 12m，采用锚拉式支护结构。支挡构件为排桩，桩长为 20m，桩径为 0.6m，桩中心距为 1m。锚杆水平间距为 3m，竖向间距为 3m，设在地面下 2m 处，锚杆倾角为 15°，钻孔直径为 150mm。地层分布如下：素填土，厚度为 2m；粉质黏土，厚度为 18m；土体物理力学指标如图 6-2 所示。粉质黏土与锚固体极限黏结强度标准值 $q_{sk} = 70kPa$，场地内不考虑地下水，坡顶作用 $q = 20kPa$ 的超载，如图 6-2 所示。

经采用平面杆系结构弹性支点法计算，第三道锚杆处的计算宽度内弹性支点水平反力 $F_h = 65kN$。支护结构安全等级为一级，试确定第三道锚杆的长度。

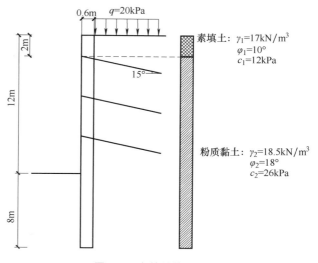

图 6-2 支护结构剖面图

解：1）经计算，主动、被动土压力强度沿桩身的分布如图 6-3 所示。

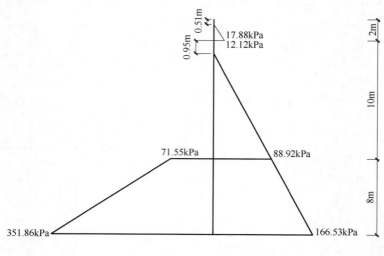

图 6-3　土压力分布

2）锚索长度计算。锚索选用 1×7（七股）钢绞线，单束锚索直径为 15.2mm，其抗拉强度设计值 $f_{py} = 1320MPa$，锚固体直径 $d = 150mm$，粉质黏土与锚固体极限黏结强度标准值 $q_{sk} = 70kPa$。

单根支护桩水平荷载计算宽度为桩间距为

$$b_a = 1m$$

锚杆轴向拉力标准值为

$$N_k = \frac{F_h s}{b_a \cos\alpha} = \frac{65 \times 3}{1 \times \cos 15°}kN = 201.9kN$$

一级基坑安全系数取

$$K_t = 1.8$$

则

$$R_k \geqslant K_t N_k = (1.8 \times 201.9)kN = 363.4kN$$

① 锚杆锚固段长度计算。设锚杆锚固段长度为 l_d，根据 $R_k = \pi d \sum q_{sk,i} l_{di}$，则

$$l_d = \frac{R_k}{\pi d q_{sk}} = \frac{363.4}{3.14 \times 0.15 \times 70}m = 11m$$

取锚固段长度 $l_d = 11m$。

② 锚杆自由段长度计算。由图 6-3 可知，基坑开挖面以下存在主动土压力与被动土压力相等的点：

$$88.92kPa + \frac{166.53kPa - 88.92kPa}{8m}h = 71.55kPa + \frac{351.86kPa - 71.55kPa}{8m}h$$

解得，$h = 0.69m$，此时 $a_2 = 0.69m$。

$$l_f \geqslant \frac{(a_1 + a_2 - d\tan\alpha)\sin\left(45° - \dfrac{\varphi_m}{2}\right)}{\sin\left(45° + \dfrac{\varphi_m}{2} + \alpha\right)} + \frac{d}{\cos\alpha} + 1.5$$

$$= \left[\frac{(4 + 0.69 - 0.6 \times \tan15°) \times \sin\left(45° - \dfrac{16.7°}{2}\right)}{\sin\left(45° + \dfrac{16.7}{2} + 15°\right)} + \frac{0.6}{\cos15°} + 1.5\right]m = 5.03m$$

因自由段长度不应小于 5m，取自由段长度为 5m。则锚杆长度为

$$l = l_d + l_f = (11 + 5)m = 16m$$

■ 6.5 锚杆的构造要求

锚杆的构造有以下要求：

1）锚杆成孔直径宜取 100～150mm。

2）锚杆自由段长度不应小于 5m，且应穿过潜在滑动面并进入稳定土层不小于 1.5m，钢绞线、钢筋杆体在自由端应设置隔离套管。

3）土层中的锚杆锚固长度不宜小于 6m。

4）锚杆杆体的外露长度应满足《混凝土结构设计规范》（GB 50010—2010）（2015 年版）和《钢结构设计标准》（GB 50017—2017）中对腰梁、台座尺寸及张拉锁定的要求。

5）钢筋锚杆的杆体宜选用预应力螺纹钢筋，HRB400 级、HRB500 级螺纹钢筋。

6）锚具应符合《预应力筋用锚具、夹具和连接器》（GB/T 14370—2015）的规定。

7）锚杆注浆应采用水泥浆或者水泥砂浆，注浆固结体强度不宜低于 20MPa。

■ 6.6 锚杆的施工要点

锚杆的施工质量是决定锚杆承载力能否达到设计要求的关键。应根据工程的交通运输条件、周边环境情况、施工进度要求、地质条件等，选用合适的施工机械、施工工艺，组织好人员、材料，高效、安全、高质量地完成施工任务。

6.6.1 施工组织设计

为满足设计要求做成可靠的锚杆，必须综合考虑锚杆使用的目的、环境状况、施工条件等详细制定施工组织设计。锚杆是在复杂的条件下，而且又在不能直接观察的状况下进行，属于隐蔽工程，应根据设计书的要求和调查试验资料，制定切实可行的施工组织设计。锚固工程的施工组织设计一般应包括以下内容：

1）工程概况：工程名称、地点、工期、工程量、工程地质和水文地质情况等；现场供水、供电、施工场地条件、施工空间等。

2）设计对锚固工程的要求。

3）锚固工程材料。

4）施工机械。

5）施工组织。

6）施工平面布置及临时设施。

7）施工程序及各工种人员的配备。

8）工程进度计划。

9）施工管理及质量控制计划。

10）安全、卫生管理计划。

11）应交付工程验收的各种技术资料。

12）编制施工管理程序示意图。

锚杆体的制作
与安装

6.6.2 锚杆杆体的安装

1. 锚杆的安装

锚杆安装前应检查钻孔孔距及钻孔轴线是否符合规范及设计要求。锚杆一般由人工安装，对于大型锚杆有时采用吊装。在进行锚杆安装前应对钻孔重新检查，发现塌孔、掉块时应进行清理。锚杆安装前应对锚杆杆体进行详细检查，对损坏的防护层、配件、螺纹应进行修复。

锚杆在推送过程中用力要均匀，以免在推送时损坏锚杆配件和防护层。当锚杆设置有排气管、注浆管和注浆袋时，推送时不要使锚杆杆体转动，并不断检查排气管和注浆管，以免管子折死、压扁和磨坏，并确保锚杆在就位后排气管和注浆管畅通。在遇到锚杆推送困难时，宜将锚杆抽出查明原因后再推送，必要时应对钻孔重新进行清洗。

2. 锚头的施工

锚具、垫板应与锚杆杆体同轴安装，对于钢绞线或高强度钢丝锚杆，锚杆杆体锁定后其偏差应不超过±5°。垫板应安装平整、牢固，垫板与垫墩接触面无空隙。切割锚头多余的锚杆杆体宜采用冷切割的方法，锚具外保留长度不应小于100mm。当需要补偿张拉时，应考虑保留张拉长度。浇筑垫墩用的混凝土强度等级一般高于C30，有时锚头处地层不太规则，在这种情况下，为了保证垫墩混凝土的质量，应确保垫墩最薄处的厚度大于10cm，对于锚固力较高的锚杆，垫墩内应配置环形钢筋。

6.6.3 注浆体材料及注浆工艺

注浆是为了形成锚固段和为锚杆提供防腐蚀保护层，一定压力的注浆还可以使注浆体渗入地层的裂隙和缝隙中，从而起到加固地层、提高地基承载力的作用。水泥砂浆的成分及拌制和注入方法决定了灌浆体与周围岩土体的黏结强度和防腐效果。

1. 水泥浆的成分

灌注锚杆的水泥浆通常采用质量良好新鲜的普通硅酸盐水泥和干净水掺入细砂配制搅拌而成，必要时可采用抗硫酸盐水泥。水泥龄期不应超过一个月，强度应大于32.5MPa。

压力型锚杆最好采用更高强度的水泥，浆体的强度一般7d不应低于20MPa，28d不应低于30MPa；压力型锚杆浆体强度7d不应低于25MPa，28d不应低于35MPa。

2. 注浆工艺

水泥浆采用注浆泵通过高压胶管和注浆管注入锚杆孔，注浆泵的操作压力范围为 0.1～12MPa，通常采用挤压式或活塞式两种注浆泵，挤压式注浆泵可注入水泥砂浆。

注浆常分为一次注浆和二次高压注浆两种注浆方式。一次注浆是浆液通过插到孔底的注浆管，从孔底一次将钻孔注满直至从孔口流出的注浆方法。这种方法要求锚杆预应力筋的自由段预先进行处理，采取有效措施确保预应力筋不与浆液接触。二次高压注浆是在一次注浆形成注浆体的基础上，对锚杆锚固段进行二次（或多次）高压劈裂注浆，使浆液向周围地层挤压渗透，形成直径较大的锚固体并提高锚杆周围地层的力学性能，大大提高锚杆承载能力。通常在一次注浆后 4～24h 进行，具体间隔时间由浆体强度达到 5MPa 左右加以控制。该注浆方法需随预应力筋绑扎二次注浆管和密封袋或密封卷，注浆完成后不拔出二次注浆管。二次高压注浆非常适用于承载力低的软弱土层中的锚杆。

注浆压力取决于注浆的目的和方法、注浆部位的上覆地层厚度等因素，通常锚杆的注浆压力不超过 2MPa。锚杆注浆的质量决定着锚杆的承载力，必须做好注浆记录。采用二次高压注浆时，尤其需要做好二次高压注浆时的注浆压力、持续时间、二次注浆量等记录。

6.6.4　张拉

为了能安全地将锚杆张拉到设计应力，在张拉时应遵循以下要求：

1）根据锚杆类型及要求，可采取整体张拉、先单根预张拉然后整体张拉或单根—对称—分级循环张拉方法。

2）采用先单根预张拉然后整体张拉的方法时，锚杆各单元体的预应力值应当一致，预应力总值不宜大于设计预应力的 10%，也不宜小于 5%。

3）采用单根—对称—分级循环张拉的方法时，不宜少于 3 个循环，当预应力较大时不宜少于 4 个循环。

4）张拉千斤顶的轴线必须与锚杆轴线一致，锚环、夹片和锚杆张拉部分不得有泥砂、锈蚀层或其他污物。

5）张拉时，加载速率要平缓，速率宜控制在设计预应力值的 10%/min 左右，卸载速率宜控制在设计预应力值的 20%/min。

6）在张拉时，应采用张拉系统出力与锚杆杆体伸长值综合控制锚杆应力，当实际伸长值与理论值差别较大时，应暂停张拉，待查明原因并采取相应措施后方可进行张拉。

7）预应力筋锁定后 48h 内，若发现预应力损失大于锚杆拉力设定值的 10%，应进行补偿张拉。

8）锚杆的张拉顺序应避免相近锚杆相互影响。

9）单孔复合锚固型锚杆必须先对各单元锚杆分别张拉，当各单元锚杆在同等荷载条件下因自由长度不等引起的弹性伸长差得到补偿后，方可同时张拉各单元锚杆。先张拉自由长度最大的单元锚杆，最后张拉自由长度最小的单元锚杆，再同时张拉全部单元锚杆。

10）为了确保张拉系统能可靠地进行张拉，其额定出力值一般不应小于锚杆预应力设计值的 1.5 倍。张拉系统应能在额定出力范围内以任一增量对锚杆进行张拉，且可在中间相对应荷载水平上进行可靠稳压。

张拉

6.6.5 锚杆的腐蚀与防护

锚杆防腐处理的可靠性及耐久性是影响锚杆使用寿命的重要因素之一。防腐处理应保证锚杆各段内不出现杆体材料局部腐蚀现象。

锚杆可自由拉伸部分的隔离防护层主要由塑料套管和油脂组成，油脂的作用是润滑和防腐。临时锚杆可以使用普通黄油，但用于永久性工程的锚杆，不宜使用黄油，因为黄油中含有水分和对金属腐蚀的有害元素，当油脂老化时将分离出水和皂状物质，使原来的油脂失去润滑作用，所以永久锚杆应选用无黏结预应力筋专用防腐润滑脂。

垫板下部的防腐处理不应影响锚杆的性能，对于自由段，防腐处理后的锚杆杆体应能自由收缩，对垫板下部注入油脂，且要求油脂充满空间。

6.6.6 锚杆施工对周边环境的影响及预防措施

施工前应详细调查周边建筑管线的分布情况，锚杆布置时应留出一定距离，以免施工时破坏。

锚杆成孔过程中若施工不当易造成塌孔，甚至引起水土流失，影响周边道路管线、建筑物的正常使用。例如粉砂土地基中，在地下水位明显高于锚杆孔口时，若不采取针对措施直接钻孔，则粉砂土在水流作用下易塌孔、流砂，土颗粒大量流失造成周边地面沉陷，严重时影响基坑安全。可在孔口外接套管斜向上引至一定高度、套管内灌水保持水压平衡后再钻进，或采用全套管跟管钻进。

在软土地基中，由于土体强度较低，若上覆土层厚度较小，在注浆压力作用下，易造成土体强度破坏后隆起、开裂。故在注浆时，应合理选定注浆压力、稳压时间、注浆工艺（一次或多次注浆、间隔注浆的合理顺序等）、注浆量等。

应制定合理的锚杆张拉顺序、张拉应力，避免后张拉的锚杆影响前期已张拉的锚杆。

锚杆的防腐处理极其重要，尤其对于使用时间较长的锚杆，因腐蚀破坏不易发觉，一旦发生，往往会酿成严重事故。

习　　题

1. 锚杆的构造要求有哪些？
2. 锚杆的设计与土钉有哪些不同？
3. 锚固段的破坏模式有几种？分别是什么？
4. 锚固头有哪几种？分别适用于什么锚杆？
5. 锚杆防腐的主要措施有哪些？
6. 锚杆承载力计算的时候安全系数怎么取？
7. 锚杆设计拉力为 1000kN，锚固段直径为 0.2m，锚固体与土体的极限摩擦力为 300kPa，请计算锚固段长度。

第7章 地下连续墙

地下连续墙是指分槽段用专用机械成槽、安放钢筋笼、浇筑混凝土所形成的连续地下墙体，也可称为现浇地下连续墙。

国内自从引进地下连续墙技术至今，地下连续墙作为基坑围护结构的设计施工技术已经非常成熟。进入 20 世纪 90 年代中期，国内外越来越多的工程将支护结构和主体结构相结合设计，即在施工阶段采用地下连续墙作为支护结构，而在正常使用阶段地下连续墙又作为结构外墙，承受永久水平和竖向荷载，称为"两墙合一"。新闸路地铁车站、上海银行大厦、越洋广场、平安保险广场和上海二十一世纪中心大厦等均采用了"两墙合一"设计。"两墙合一"减少了工程资金和材料投入，充分体现了地下连续墙的经济性和环保性。2000 年以后，随着国内又一轮建筑高潮的兴起，深大基坑和市区内周边环境保护要求较高的基坑工程不断涌现，对工程的经济性和社会资源的节约要求越来越高，一系列外部条件的发展，促进了地下连续墙工艺又得到了进一步推动，同时也出现了一批设计难度较高的工程。例如上海 500kV 世博地下变电站设计选用 130m 的圆形基坑，基坑开挖深度为 34m，采用了 1.2m 厚的地下连续墙作为围护结构，同时在正常使用阶段又作为地下室外墙。

■ 7.1 地下连续墙的特点

1. 地下连续墙的特点

地下连续墙在施工及使用上有以下特点：

1）施工具有低噪声、低振动等优点，工程施工对环境的影响小。

2）连续墙刚度大、整体性好，基坑开挖过程中安全性高，支护结构变形较小。

3）墙身具有良好的抗渗能力，坑内降水时对坑外的影响较小。

4）可作为地下室结构的外墙，可配合逆作法施工，以缩短工程的工期、降低工程造价。

但地下连续墙也存在弃土和废泥浆处理、粉砂地层易引起槽壁坍塌及渗漏等问题，因而需采取相关的措施保证地下连续墙施工的质量。

2. 地下连续墙的适用条件

由于受到施工机械的限制，地下连续墙的厚度具有固定的模数，不能像灌注桩那样对桩径和刚度进行灵活调整，因此，地下连续墙只有在较深的基坑工程或其他特殊条件下才能显示其经济性和特有的优势。一般情况下地下连续墙适用于以下条件的基坑工程：

1）开挖深度大于 10m 的基坑工程。

2）基坑邻近区域存在对基坑开挖较敏感的建筑（如高楼等），对基坑本身的变形和防水要求较高的工程。

3）基坑内空间有限，地下室外墙和红线距离极近，采用其他围护形式无法满足施工操作空间要求的工程。

4）围护结构作为主体结构的一部分，且基坑施工阶段对防水、抗渗有较高要求的工程。

5）采用逆作法施工，地上和地下同步施工时，一般采用地下连续墙作为围护墙。

6）在超深基坑中，例如 30~50m 的深基坑工程，采用其他围护墙无法满足要求时，常采用地下连续墙作为围护墙。

目前在工程中应用的地下连续墙的结构形式主要有壁板式、地下连续墙、预应力或非预应力 U 形折板地下连续墙、T 形和 Π 形地下连续墙、格形地下连续墙等几种形式（见图 7-1）。

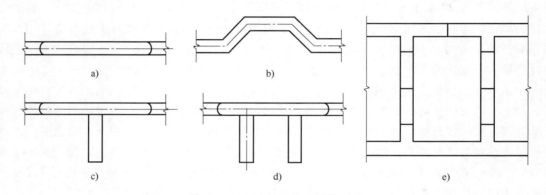

图 7-1 地下连续墙平面结构形式

a）壁板式 b）U 形折板 c）T 形 d）Π 形 e）格形

■ 7.2 地下连续墙的设计要求

1. 墙体厚度和槽段宽度

1）地下连续墙厚度一般为 0.6~1.2m，而随着挖槽设备大型化和施工工艺的改进，地下连续墙的厚度可达 2.0m 以上。地下连续墙根据成槽机规格常用墙厚为 0.6m、0.8m、1.0m 和 1.2m。

2）地下连续墙单元槽段的平面形状和成槽宽度需考虑众多因素综合确定，如墙段的结构受力特性、槽壁稳定性、周边环境的保护要求和施工条件等。一般来说，壁板式一字形槽段宽度不宜大于 6m，T 形、折线形等各肢槽段宽度总和不宜大于 6m。

2. 地下连续墙的入土深度

一般工程中地下连续墙入土深度为 10~50m，最大深度可达 150m。在基坑工程中，地下连续墙既作为承受侧向水土压力的受力结构，同时又兼有隔水的作用，因此地下连续墙的

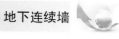

入土深度需考虑挡土和隔水两方面的要求。作为挡土结构，地下连续墙入土深度需满足各项稳定性和强度要求，作为隔水帷幕，地下连续墙入土深度需根据地下水控制要求确定。

3. 墙身混凝土

地下连续墙混凝土设计强度等级不应低于 C30，水下浇筑时混凝土强度等级按相关规范要求提高。墙体和槽段接头应满足防渗设计要求，地下连续墙混凝土抗渗等级不宜小于 P6级。地下连续墙主筋保护层在基坑内侧不宜小于 50mm，基坑外侧不宜小于 70mm。

4. 钢筋笼

地下连续墙的纵向受力钢筋应沿墙身两侧均匀配置，可按内力大小沿墙体纵向分段配置，但通长配置的纵向钢筋不应小于总数的 50%。纵向受力钢筋宜采用 HRB400 级、HRB500 级钢筋，直径不宜小于 16mm，净间距不宜小于 75mm。水平钢筋及构造钢筋宜选用 HPB300 级或 HRB400 级钢筋，直径不宜小于 12mm，水平钢筋间距宜取 200～400mm。

钢筋笼端部与槽段接头之间、钢筋笼端部与相邻墙段混凝土之间的间隙不应大于 150mm，纵向钢筋下端 500mm 长度范围内宜按 1:10 的斜度向内收口。

5. 接头

地下连续墙的槽段接头应按下列原则选用：

1）地下连续墙宜采用圆形锁口管接头、波纹管接头、楔形接头、工字形接头或混凝土预制接头等柔性接头。

2）当地下连续墙作为主体地下结构外墙，且需要形成整体墙体时，宜采用刚性接头。刚性接头可采用一字形或十字形穿孔钢板接头、钢筋承插式接头等。当采取地下连续墙墙顶设置通长冠梁，墙壁内侧槽段接缝位置设置结构壁柱，基础底板与地下连续墙刚性连接等措施时，也可采用柔性接头。

3）地下连续墙墙顶应设置混凝土冠梁。冠梁宽度不宜小于墙厚，高度不宜小于墙厚的0.6 倍。冠梁钢筋应符合《混凝土结构设计规范》（GB 50010—2010）（2015 年版）对梁的构造配筋的要求。冠梁用作支撑或者锚杆的传力构件或按空间结构设计时，尚应按受力构件进行截面设计。

■ 7.3　地下连续墙的设计计算

1. 内力和变形计算

作为基坑围护结构的地下连续墙的内力和变形计算目前应用最多的是平面弹性地基梁法，该方法计算简便，可适用于绝大部分常规工程；而对于具有明显空间效应的深基坑工程，可采用空间弹性地基板法进行地下连续墙的内力和变形计算；对于复杂的基坑工程需采用连续介质有限元法进行计算。

平面弹性地基梁法假定挡土结构为平面应变问题，取单位宽度的挡土墙作为竖向放置的弹性地基梁，支撑和锚杆简化为弹簧支座，基坑内开挖面以下土体采用弹簧模拟，挡土墙结构外侧作用已知的水压力和土压力。图 7-2 所示为弹性地基梁法典型的计算简图。

取长度为 b_0 的围护结构作为分析对象，列出弹性地基梁的变形微分方程如下：

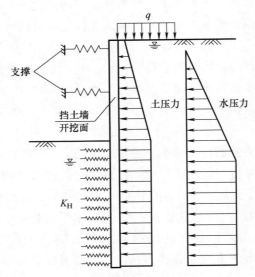

图 7-2 竖向弹性地基梁法计算简图

$$EI\frac{d^4y}{dz^4}-e_a(z)=0 \qquad (0 \leqslant z \leqslant h_n) \tag{7-1}$$

$$EI\frac{d^4y}{dz^4}+mb_0(z-h_n)y-e_a(z)=0 \qquad (z>h_n) \tag{7-2}$$

式中　EI——围护结构的抗弯刚度（kN·m²）；

y——围护结构的侧向位移（m）；

z——深度（m）；

$e_a(z)$——z 深度处的主动土压力（kN/m²）；

m——地基土水平抗力比例系数；

h_n——第 n 步的开挖深度（m）。

基坑开挖面或地面以下，水平弹簧支座的弹簧压缩刚度 K_H 可按下式计算：

$$K_H=k_h bh \tag{7-3}$$

$$k_h=mz \tag{7-4}$$

式中　K_H——弹簧压缩刚度（kN/m）；

k_h——地基土水平向基床系数（kN/m³）；

m——基床系数的比例系数；

z——距离开挖面的深度（m）；

b、h——弹簧的水平向和垂直向计算间距（m）。

基坑内支撑的刚度根据支撑体系的布置和支撑构件的材质与轴向刚度等条件有关，按下式计算：

$$K=\frac{2\alpha EA}{LB} \tag{7-5}$$

式中　K——内支撑的刚度系数（kN/m²）；

α——与支撑松弛有关的折减系数，一般取为 $0.5 \sim 1.0$；混凝土支撑或钢支撑施加预压力时，取为 1.0；

E——支撑构件材料的弹性模量（kN/m^2）；

A——支撑构件的截面面积（m^2）；

L——支撑的计算长度（m）；

B——支撑的水平间距（m）。

【例 7-1】 基坑支护采用地下连续墙加水平向钢筋混凝土内支撑的支护形式，墙体宽度为 1000mm。内支撑采用钢筋混凝土材料，内支撑截面高度为 700mm，宽度为 500mm，混凝土强度等级为 C30，采用 HRB400 级钢筋，支撑水平间距为 9m，支撑长度为 15m，均匀对称开挖。挡土结构在支点处的水平位移 $\nu_R = 10mm$，支点的初始水平位移 $\nu_{R0} = 0$。试计算内支撑对支挡结构计算宽度内的弹性支点水平反力 F_h。基坑内支撑剖面示意图如图 7-3 所示。

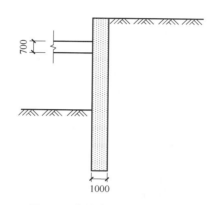

图 7-3 基坑内支撑剖面示意图

解：（1）计算宽度内弹性支点刚度系数 因无预加轴力，支撑松弛系数取 0.8，则

$$K = \frac{2\alpha EA}{LB} = \left(\frac{2 \times 0.8 \times 3000 \times 0.7 \times 0.5}{15 \times 9} \times 10^3 \right) kN/m = 12444.4 kN/m$$

（2）内支撑对支挡结构计算宽度内的弹性支点水平反力 F_h

$$F_h = K(\nu_R - \nu_{R0}) = (12444.4 \times 0.01) kN = 124.4 kN$$

2. 承载力计算

应根据各工况内力计算包络图对地下连续墙进行截面承载力验算和配筋计算。常规的壁板式地下连续墙需进行正截面受弯、斜截面受剪承载力验算，当承受竖向荷载时，需进行竖向受压承载力验算。

当地下连续墙仅用作基坑围护结构时，应按照承载能力极限状态对地下连续墙进行配筋计算；当地下连续墙在正常使用阶段又作为主体结构时，应按照正常使用极限状态根据裂缝控制要求进行配筋计算。

地下连续墙正截面受弯和受压、斜截面受剪承载力及配筋设计计算应符合《混凝土结构设计规范》（GB 50010—2010）（2015 年版）的相关规定。

（1）正截面受弯承载力计算 地下连续墙正截面受弯承载力计算如图 7-4 所示，应符合下式，即

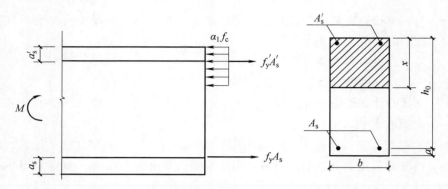

图 7-4　矩形截面受弯构件正截面受弯承载力计算

$$M \leqslant \alpha_1 f_c b x \left(h_0 - \frac{x}{2} \right) + f'_y A'_s \left(h_0 - a'_s \right) \tag{7-6}$$

混凝土受压区高度按下式确定，即

$$\alpha_1 f_c b x = f_y A_s - f'_y A'_s \tag{7-7}$$

混凝土受压区高度还应符合以下条件，即

$$x \leqslant \varepsilon_b h_0 \tag{7-8}$$

$$x \geqslant 2a'_s \tag{7-9}$$

式中　M——弯矩设计值（kN·m）；

α_1——系数；

f_c——混凝土轴心抗压强度设计值（MPa）；

A_s、A'_s——受拉区、受压区纵向普通钢筋的截面面积（m^2）；

f_y、f'_y——受拉区、受压区纵向普通钢筋的抗拉强度设计值（MPa）；

b——矩形截面的宽度（m）；

h_0——截面有效高度（m）；

a'_s——受压区纵向普通钢筋合力至截面受压边缘的距离（m）。

（2）斜截面承载力计算　地下连续墙斜截面受剪承载力应符合以下条件：

当 $h_w/b \leqslant 4$ 时

$$V \leqslant 0.25 \beta_c f_c b h_0 \tag{7-10}$$

当 $h_w/b \geqslant 6$ 时

$$V \leqslant 0.2 \beta_c f_c b h_0 \tag{7-11}$$

当 $4 < h_w/b < 6$ 时，按线性内插法确定。

式中　V——构件斜截面上的最大剪力设计值（kN）；

β_c——混凝土强度影响系数，当混凝土强度等级不超过 C50 时，取 1.0；当混凝土强度等级为 C80 时，取 0.8；其间按线性内插法确定；

b——矩形截面的宽度（m）；

h_0——截面的有效高度（m）；

h_w——截面的腹板高度（m）（矩形截面，取有效高度；T 形截面，取有效高度减去翼缘高度；工字形截面，取腹板净高）。

■ 7.4　地下连续墙施工

地下连续墙（简称地墙）的施工，就是在地面上先构筑导墙，采用专门的成槽设备，沿着支护或深开挖工程的周边，在特制泥浆护壁条件下，每次开挖一定长度的沟槽至指定深度，清槽后，向槽内吊放钢筋笼，然后用导管法浇筑水下混凝土，混凝土自下而上充满槽内并把泥浆从槽内置换出来，筑成一个单元槽段，并依此逐段进行，这些相互邻接的槽段在地下筑成一道连续的钢筋混凝土墙体，作为承重、挡土或截水防渗结构。施工流程如图7-5所示。

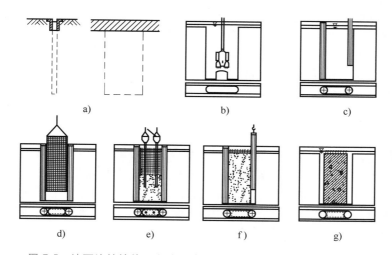

图 7-5　地下连续墙施工程序示意图（以液压抓斗式成槽机为例）

a）准备开挖的地下连续墙沟槽　b）用液压成槽机进行沟槽开挖　c）安放锁口管
d）吊放钢筋笼　e）浇注水下混凝土　f）拔除锁口管　g）已完工的槽段

7.4.1　国内主要成槽工法

成槽工艺是地下连续墙施工中最重要的工序，常常要占到槽段施工工期一半以上，因此做好挖槽工作是提高地下连续墙施工效率及保证工程质量的关键。随着对施工效率要求的不断提高，新设备不断出现，新的工法也在不断发展。目前国内外广泛采用的先进高效的地下连续墙成槽（孔）机械主要有抓斗式成槽机、液压铣槽机、多头钻（也称为垂直多轴回转式成槽机）和旋挖式桩孔钻机等，其中，应用最广的是液压抓斗式成槽机。

常用的成槽机械设备按其工作机理主要分为抓斗式、冲击式和回转式3大类，相应来说基本成槽工法也主要有3类：抓斗式成槽工法、冲击式钻进成槽工法和回转式钻进成槽工法。

1. 抓斗式成槽工法

抓斗式成槽机已成为目前国内地下连续墙成槽的主力设备。抓斗式成槽机以履带式起重机悬挂抓斗，抓斗以其斗齿切削土体，切削下的土体收容在斗体内，从槽段内提出后开斗卸土，如此循环往复进行挖土成槽。该成槽工法在建筑、地铁等行业中应用极广，北京、上海、天津、广州等大城市的地下连续墙多采用这种工艺。

适用环境：地层适应性广，如标贯值 $N<40$ 的黏性土、砂性土及砾卵石土等。除大块的漂卵石、基岩外，一般的覆盖层均可。

优点：低噪声、低振动；抓斗挖槽能力强，施工高效；除早期的蚌式抓斗、索式导板抓斗外多设有测斜及纠偏装置（如纠偏液压推板）随时调控成槽垂直度，成槽精度较高（1/300 或更小）。

缺点：掘进深度及遇硬层时受限，降低成槽工效。需配合其他方法一起使用。

2. 冲击式钻进成槽工法

国内冲击钻进成槽工法主要有冲击钻进法（钻劈法）和冲击反循环法（钻吸法）。

冲击钻进法采用的是冲击破碎和抽筒掏渣（即泥浆不循环）的工法，即冲击钻机利用钢丝绳悬吊冲击钻头进行往复提升和下落运动，依靠其自身的重力反复冲击破碎岩石，然后用一只带有活底的收渣筒将破碎下来的土渣石屑取出从而成孔。一般先钻进主孔，后劈打副孔，主副孔相连成为一个槽孔。

冲击反循环法是以冲击反循环钻机替代冲击钻机，在空心套筒式钻头中心设置排渣管（或用反循环砂石泵）抽吸含钻渣的泥浆，经净化后回至槽孔，使得排渣效率大大提高，泥浆中钻渣减少后，钻头冲击破碎的效率也大大提高，槽孔建造既可以用平打法，也可分主副孔施工。这种冲击反循环钻机的钻吸法工效大大高于老式冲击钻机的钻劈法。

适用环境：在各种土、砂层、砾石、卵石、漂石、软岩、硬岩中都能使用，特别适用于深厚漂石、孤石等复杂地层施工，在此类地层中其施工成本要远低于抓斗式成槽机和液压铣槽机。该法是国内水利工程在防渗墙施工中仍在使用的一种方法。

优点：施工机械简单，操作简便，成本低，不失为一种经济适用型工艺。

缺点：成槽效率低，成槽质量较差。

3. 回转式钻进成槽工法

回转式成槽机根据回转轴的方向分为垂直回转式与水平回转式。

（1）垂直回转式 垂直回转式分为垂直单轴回转钻机（也称为单头钻）和垂直多轴回转钻机（也称为多头钻）。单头钻主要用来钻导孔，多头钻多用来挖槽。

适用环境：标贯值 $N<30$ 的黏性土、砂性土等不太坚硬的细颗粒地层。深度可达 40m 左右。

优点：施工时无振动、无噪声，可连续进行挖槽和排渣，不需要反复提钻，施工效率高，施工质量较好，垂直度可控制在 $1/300\sim1/200$。在 20 世纪 80 年代前期应用较多，是一种较受欢迎的施工方法。

缺点：在砾石、卵石层中以及遇障碍物时成槽适应性欠佳。

（2）水平回转式 水平多轴回转钻机，实际上只有两个轴（轮），也称为双轮铣成槽机。根据动力源的不同，可分为电动和液压两种机型。铣槽机是目前国内外最先进的地下连续墙成槽机械，最大成槽深度可达 150m，一次成槽厚度为 $800\sim2800$mm。

优点：

1）对地层适应性强，淤泥、砂、砾石、卵石、中等硬度岩石等均可掘削，配上特制的

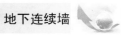

滚轮铣刀还可钻进抗压强度为 200MPa 左右的坚硬岩石。

2）施工效率高，掘进速度快，一般沉积层可达 20～40m³/h（比抓斗法速度快 2～3 倍），中等硬度的岩石也能达 1～2m³/h。

3）成槽精度高，利用电子测斜装置和导向调节系统、可调角度的鼓轮旋铣器，可使垂直度高达 1‰～2‰。

4）成槽深度大，一般可达 60m，特制型号可达 150m。

5）能直接切割混凝土，在一、二序槽的连接中不须专门的连接件，也不须采取特殊封堵措施就能形成良好的墙体接头。

6）设备自动化程度高，运转灵活，操作方便。以电子指示仪监控全施工过程，自动记录和保存测量资料，在施工完毕后还可全部打印出来作为工程资料。

7）低噪声、低振动，可以贴近建筑物施工。

缺点：

1）设备价格昂贵、维护成本高。

2）不适用于存在孤石、较大卵石的地层，需配合使用冲击钻进工法或爆破。

3）对地层中的铁器掉落或既有地层中存在的钢筋等比较敏感。

7.4.2　施工工艺与操作要点

地下连续墙施工工艺流程如图 7-6 所示。其中导墙砌筑、泥浆制备与处理、成槽施工、钢筋笼制作与吊装、浇注混凝土等为主要工序。

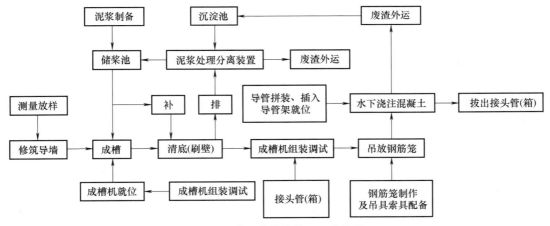

图 7-6　地下连续墙施工工艺流程

■ 7.5　导墙

7.5.1　导墙施工

1. 导墙的作用

地下连续墙在成槽前，应构筑导墙，导墙质量的好坏直接影响到地下连续墙的轴线和标高控制，应做到精心施工，确保准确的宽度、平直度和垂直度。

导墙的作用是：

1）测量基准、成槽导向。

2）储存泥浆、稳定液位、维护槽壁稳定。

3）稳定上部土体，防止槽口塌方。

4）施工荷载支承平台——承受如成槽机械、钢筋笼搁置点、导管架、顶升架、接头管等重载、动载。

2. 导墙的形式

导墙多采用现浇钢筋混凝土结构，也有钢制的或预制钢筋混凝土的装配式结构，可供多次使用。根据工程实践，预制式导墙较难做到底部与土层结合以防止泥浆的流失。

导墙断面常见的有三种形式：倒 L 形、"〕〔"形及 L 形，如图 7-7 所示。倒 L 形多用在土质较好的土层，后两者多用在土质略差的土层，底部外伸扩大支承面积。

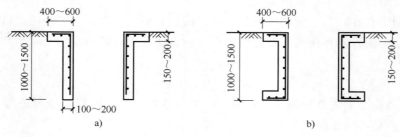

图 7-7　常见导墙断面形式

a）倒 L 形　b）"〕〔"形

3. 施工及质量要求

1）导墙多采用 C20～C30 钢筋混凝土，双向配筋 $\phi8～\phi16$mm@ 150～200mm。现浇导墙施工流程为：平整场地──测量定位──挖槽──绑扎钢筋──支模板──浇注混凝土──拆模及设置横撑。

2）导墙要对称浇筑，强度达到 70% 后方可拆模。拆除后立即设置上下两道 10cm 直径圆木（或 10cm 见方方木）支撑，防止导墙向内挤压，支撑水平间距为 1.5～2.0m，上下为 0.8～1.0m。

3）导墙外侧填土应以黏土分层回填密实，防止地面水从导墙背后渗入槽内，并避免被泥浆掏刷后发生槽段坍塌。

4）导墙顶墙面要水平，内墙面要垂直，底面要与原土面密贴。墙面不平整度小于 5mm，竖向墙面垂直度应不大于 1/500。内外导墙间距允许偏差为 ±5mm，轴线偏差为 ±10mm。

5）混凝土养护期间成槽机等重型设备不应在导墙附近作业停留，成槽前支撑不允许拆除，以免导墙变位。

6）导墙在地下连续墙转角处根据需要外放 200～500mm（见图 7-8），成 T 形或十字形交叉，使得成槽机抓斗能够起抓，确保地下连续墙在转角处的断面完整。

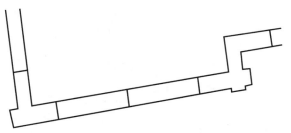

图 7-8　导墙在地墙-转角外放处理

7.5.2　护壁泥浆

泥浆是地下连续墙施工中成槽槽壁稳定的关键，主要起到护壁、携渣、冷却机具和切土润滑的作用。泥浆材料的使用随着成槽工艺的发展主要有三类：黏土泥浆、膨润土泥浆和超级泥浆，目前工程中较大量使用的主要是膨润土泥浆。

7.5.3　槽壁稳定性分析

地下连续墙施工保持槽壁稳定性防止槽壁塌方十分关键。一旦发生塌方，不仅可能造成"埋机"危险、机械倾覆，同时还将引起周围地面沉陷，影响到邻近建筑物及管线安全。如塌方发生在钢筋笼吊放后或浇筑混凝土过程中，将造成墙体夹泥，使墙体内外贯通。

1. 槽壁失稳机理

槽壁失稳机理主要可以分为两大类：整体失稳和局部失稳。如图 7-9 所示。

（1）整体失稳　经事故调查以及模型和现场试验研究发现，尽管开挖深度通常都大于 20m，但失稳往往发生在表层土及埋深 5~15m 的浅层土中，槽壁有不同程度的外鼓现象，失稳破坏面在地表平面上会沿整个槽长展布，基本呈椭圆形或矩形。因此，浅层失稳是泥浆槽壁整体失稳的主要形式。

（2）局部失稳　在槽壁泥皮形成以前，槽壁局部稳定主要靠泥浆外渗产生

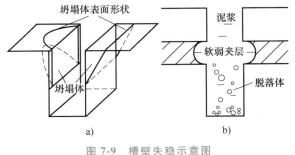

图 7-9　槽壁失稳示意图

a）整体失稳　b）局部失稳

的渗透力维持。当在上部存在软弱土或砂性较重夹层的地层中成槽时，遇槽段内泥浆液面波动过大或液面标高急剧降低时，泥浆渗透力无法与槽壁土压力维持平衡，泥浆槽壁将产生局部失稳，引起超挖现象，导致后续灌注混凝土的充盈系数增大，增加施工成本和难度（见图 7-10，俗称"大肚皮"现象，开挖暴露后要行凿除）。

2. 影响槽壁稳定的因素

影响槽壁稳定的因素可分为内因和外因两方面：内因主要包括地层条件、泥浆性能、地下水位以及槽段划分尺寸、形状等；外因主要包括成槽开挖机械、开挖施工时间、槽段施工顺序以及槽段外场地施工荷载等。

图 7-10　槽壁局部坍塌混凝土"大肚皮"现象

泥浆护壁的主要机理是泥浆通过在地层中渗透在槽壁上形成泥皮，并在压力差（泥浆液面与地下水液面的差值）的作用下，将有效作用力（泥浆柱压力）作用在泥皮上以抵消失稳作用力从而保证槽壁稳定。

3. 槽壁稳定措施

（1）槽壁土加固　在成槽前对地下连续墙槽壁进行加固，加固方法可采用双轴、三轴深层搅拌桩工艺及高压旋喷桩等工艺。

（2）加强降水　通过降低地下连续墙槽壁四周的地下水位，防止地下连续墙在浅部砂性土中成槽开挖过程中产生塌方、管涌、流砂等不良地质现象。

（3）泥浆护壁　为了确保槽壁稳定，选用黏度大、失水量小、能形成护壁泥薄而坚韧的优质泥浆，并且在成槽过程中，经常监测槽壁的情况变化，并及时调整泥浆性能指标，添加外加剂，确保土壁稳定，做到信息化施工，及时补浆。

（4）周边限载　地下连续墙周边荷载主要是大型机械设备（如成槽机、履带式起重机、土方车及钢筋混凝土搅拌车）等频繁移动带来的压载及振动，为尽量使大型设备远离地下连续墙，在正处施工过程中的槽段边铺设路基钢板加以保护，并且严禁在槽段周边堆放钢筋等施工材料。

（5）导墙选择　导墙的刚度影响槽壁稳定。根据工程施工情况选择合适的导墙形式，倒 L 形多用在土质较好土层，"]["形和 L 形多用在土质较差土层，底部外伸扩大支承面积。

4. 钢筋笼加工和吊放

钢筋笼根据地下连续墙墙体配筋图和单元槽段的划分制作。钢筋笼最好按单元槽段做成一个整体。纵向受力钢筋的搭接长度，如无明确规定时可采用 60 倍的钢筋直径。

制作钢筋笼时要预先确定用于浇筑混凝土的导管位置，由于这部分空间要上下贯通，因而周围需增设箍筋和连接筋进行加固。尤其在单元槽段接头附近插入导管时，由于此处钢筋较密集更需特别加以处理。

加工钢筋笼时，要根据钢筋笼质量、尺寸以及起吊方式和吊点布置，在钢筋笼内布置一定数量（一般为 2~4 榀）的纵向桁架，如图 7-11 所示。

钢筋笼的起吊、运输和吊放应周密地制定施工方案，不允许在此过程中产生不能恢复的变形。

根据钢筋笼质量选取主、副吊设备，并进行吊点布置，对吊点局部加强，沿钢筋笼纵向及横向设置桁架增强钢筋笼整体刚度。选择主、副吊扁担，并须对其进行验算，还要对主、副吊钢丝绳、吊具索具、吊点及主吊把杆长度进行验算。

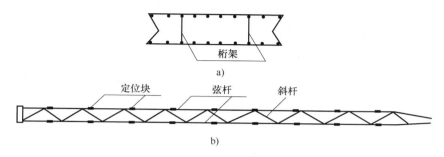

图 7-11　钢筋笼构造示意图

a）横剖面图　b）纵向桁架纵剖面图

钢筋笼插入槽内后，检查其顶端高度是否符合设计要求，然后将其搁置在导墙上。

如果钢筋笼分段制作，吊放时需接长，下段钢筋笼要垂直悬挂在导墙上，然后将上段钢筋笼垂直吊起，上下两段钢筋笼呈直线连接。

如果钢筋笼不能顺利插入槽内，应该重新吊出，查明原因加以解决，如果需要则在修槽之后再吊放。不能强行插放，否则会引起钢筋笼变形或使槽壁坍塌，产生大量沉渣。

5. 施工接头

施工接头应满足受力和防渗的要求，并要求施工简便、质量可靠，并对下一单元槽段的成槽不会造成困难。但目前尚缺少既能满足结构要求又方便施工的最佳方法。施工接头有多种形式可供选择。目前最常用的接头形式主要有锁口管接头、H 型钢接头、十字钢板接头、V 形接头、承插式接头（接头箱接头）。

其中 H 型钢接头、十字钢板接头（见图 7-12）、V 形接头属于目前大型地下连续墙施工中常用的 3 种接头，能有效地传递基坑外土水压力和竖向力，整体性好，在地下连续墙设计尤其是当地下连续墙作为结构一部分时，在受力及防水方面均有较大安全性。

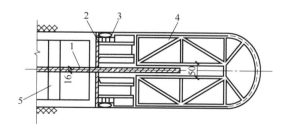

图 7-12　十字钢板接头

1—接头钢板　2—封头钢板　3—滑板式接箱　4—U 形接头管　5—钢筋笼

6. 水下混凝土浇筑

地下连续墙混凝土用导管法进行浇筑。由于导管内混凝土和槽内泥浆的压力不同，在导管下口处存在压力差使混凝土可从导管内流出。

水下混凝土浇筑应注意以下几点：

1）导管在首次使用前应进行气密性试验，保证密封性能。

2）地下连续墙开始浇筑混凝土时，导管应距槽底 0.5m。

3）在浇筑过程中，导管不能做横向运动，导管横向运动会把沉渣和泥浆混入混凝土内。

4）在混凝土浇筑过程中，不能使混凝土溢出料斗流入导沟，否则会使泥浆质量恶化，反过来又会给混凝土的浇筑带来不良影响。

5）在混凝土浇筑过程中，应随时掌握混凝土的浇筑量、混凝土上升高度和导管埋入深度，防止导管下口暴露在泥浆内，造成泥浆涌入导管。

6）在浇筑过程中需随时量测混凝土面的标高，量测的方法可用测锤，由于混凝土非水平，应量测 3 个点取其平均值。

7）导管的间距一般为 3~4m，取决于导管直径。浇筑时宜尽量加快单元槽段混凝土的浇筑速度，一般情况下槽内混凝土面的上升速度不宜小于 2m/h。

8）在混凝土顶面存在一层浮浆层，需要凿去，因此混凝土需要超浇 30~50cm，以使在混凝土硬化后查明强度情况，将设计标高以上部分用风镐凿去。

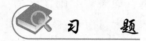 习　　题

1. 简述地下连续墙的适用范围？
2. 弹性地基梁法计算变形应当注意的事项有哪些？
3. 泥浆护壁对泥浆的要求有哪些？
4. 地下连续墙的成槽方法有哪些？
5. 基坑开挖深度为 15m，墙后土体为黏土，重度为 19kN/m³，黏聚力为 35kPa，内摩擦角为 18°。采用 0.8m 厚地下连续墙，分别在埋深 0、5m、10m 和 13m 处各设置一道支撑，请计算地下连续墙内力。

第8章 排 桩

排桩围护墙是利用常规的各种桩体，例如钻孔灌注桩、挖孔桩、预制桩及混合式桩等并排连续起来形成的地下挡土结构。

■ 8.1 排桩围护墙的种类与特点

按照单个桩体成桩工艺的不同，排桩围护墙桩型大致有以下几种：钻孔灌注桩、预制混凝土桩、挖孔桩、压浆桩、SMW 桩等。这些单个桩体可在平面布置上采取不同的排列形式形成挡土结构，支挡不同地质和施工条件下基坑开挖时的侧向水土压力。图 8-1 中列举了几种常用排桩围护墙桩体排列形式。

排桩围护墙的
种类与特点

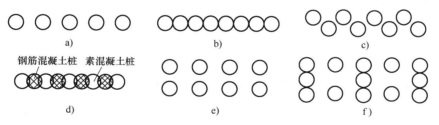

图 8-1 排桩围护墙桩体的常见排列形式

a）分离式排列 b）相切式排列 c）交错式排列 d）咬合式排列 e）双排式排列 f）格栅式排列

其中，分离式排列适用于无地下水或水位较深、土质较好的情况。在地下水位较高时应与其他防水措施结合使用，例如在排桩后面另行设置止水帷幕。

一字形相切或搭接式排列，往往因在施工中桩的垂直度不能保证及桩体扩颈等原因影响桩体搭接施工，而达不到防水要求。当为了增大排桩围护墙的整体抗弯刚度时，可把桩体交错排列，如图 8-1c 所示。

有时因场地狭窄等原因，无法同时设置排桩和止水帷幕时，可采用桩与桩之间咬合的形式，形成可起到止水作用的排桩围护墙，如图 8-1d 所示。

相对于交错式排列，当需要进一步增强排桩的整体抗弯刚度和抗侧移能力时，可将桩设置成前后双排，将前后排桩桩顶的帽梁用横向连梁连接，形成双排门架式挡土结构，如

图 8-1e所示。

有时还将双排式排桩进一步发展为格栅式排列，在前后排桩之间每隔一定的距离设置横隔式的桩墙，以寻求进一步增强排桩的整体抗弯刚度和抗侧移能力。

因此，除具有自身防水的 SMW 桩型挡墙外，常采用间隔排列与防水措施结合，具有施工方便、防水可靠的优点，成为地下水位较高软土地层中最常用的排桩围护墙形式。

排桩围护墙与地下连续墙相比，其优点在于施工工艺简单、成本低、平面布置灵活，缺点是防渗和整体性较差，一般适用于中等深度（6~10m）的基坑围护，但近年来也应用于开挖深度 20m 以内的基坑。其中压浆桩适用的开挖深度一般在 6m 以下，在深基坑工程中，有时与钻孔灌注桩结合，作为防水抗渗措施。采用分离式、交错式排列式布桩以及双排桩时，当需要隔离地下水时，需要另行设置止水帷幕，这是排桩围护墙的一个重要特点，在这种情况下，止水帷幕隔水效果的好坏直接关系到基坑工程的成败，须认真对待。

非打入式排桩围护墙与预制式板桩围护墙相比，具有无噪声、无振害、无挤土等许多优点，从而逐渐成为国内城区软弱地层中中等深度基坑（6~15m）围护的主要形式。

钻孔灌注桩排桩围护墙最早在北京、广州、武汉等地使用，之后随着防渗技术的提高，钻孔灌注桩排桩围护墙适用的深度范围也逐渐被突破。

SMW（Soil Mixing Wall）桩在日本东京大阪等软弱地层中的应用非常普遍，适应的开挖深度已达几十米，与装配式钢结构支撑体系相结合，工效较高。

挖孔桩常用于软土层不厚的地区，由于常用的挖孔桩桩径较大，在基坑开挖时往往不设支撑。当桩下部有坚硬基岩时，常采用在挖孔桩底部加设岩石锚杆使基岩受力为一体。

■ 8.2 排桩围护墙设计

8.2.1 桩体材料

桩体材料、平面布置及入土深度

灌注桩采用水下混凝土浇注，混凝土强度等级不宜低于 C20（通常取为 C30），所用水泥通常为 42.5 级或 52.5 级普通硅酸盐水泥。

受力钢筋常采用 HRB400 级和 HRB500 级螺纹钢筋；螺旋箍筋常用 HPB300 级圆钢。

8.2.2 桩体平面布置及入土深度

当基坑不考虑防水（或已采取了降水措施）时，钻孔灌注桩可按一字形间隔排列或相切排列。对分离式排列的桩，当土质较好时，可利用桩侧"土拱"效应适当扩大桩距，桩间距最大可为 2.5~3.5 倍的桩径。当基坑需考虑防水，利用桩体作为防水墙时，桩体间需满足防渗漏水的要求。当按间隔或相切排列，需另设防渗措施时，桩体净距可根据桩径、桩长、开挖深度、垂直度，以及扩径情况确定，一般为 100~150mm。桩径和桩长应根据地质和环境条件由计算确定，常用桩径为 500~1000mm，当开挖深度较大且水平支撑相对较少时，宜采用较大的桩径。

桩的入土深度需考虑围护结构的抗隆起、抗滑移、抗倾覆及整体稳定性。

由于排桩围护墙的整体性不及壁式地下连续墙，所以，在同等条件下，其入土深度的确定，应保障其安全度略高于壁式地下连续墙。在初步设计时，沿海软土地区通常取入土深度为开挖深度的 1.0~1.2 倍为预估值。

为了减小入土深度，应尽可能减小最下道支撑（或锚撑）至开挖面的距离，增强该道支撑（或锚撑）的刚度；充分利用时空效应，及时浇筑坑底垫层作为底撑；以及对桩脚与被动侧土体进行地基加固或坑内降水固结。

8.2.3 单排桩内力与变形计算

目前设计计算时，一般将桩墙按抗弯刚度等效的原则等价为一定厚度的壁式地下连续墙进行内力分析，仅考虑桩体竖向受力与变形，此法称为等刚度法。

单排桩内力与
变形计算

由于忽略腰梁给分离式桩墙带来的水平方向的整体型空间效应及基坑有限尺寸给墙后土体作用在桩墙上土压力带来的空间效应，因此，按等价的壁式地下连续墙进行平面问题内力计算分析与设计，其结果是偏于安全的。

1）计算等刚度壁式地下连续墙折算厚度 h。

设钻孔灌注桩桩径为 D，桩净距为 t，如图 8-2 所示，则单排桩应等价为 $D+t$ 的壁式地下连续墙，令等价后的地下连续墙墙厚为 h，按两者刚度相等的原则可得

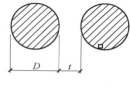

$$\frac{1}{12}(D+t)h^3 = \frac{1}{64}\pi D^4 \tag{8-1}$$

$$h = 0.838D\sqrt[3]{\frac{1}{1+\dfrac{t}{D}}} \tag{8-2}$$

图 8-2 桩体刚度折算示意图

若采用一字相切排列，$t \ll D$，则 $h \approx 0.838D$。

2）按厚度为 h 的壁式地下连续墙，计算出每延米墙的弯矩 M_w、剪力 Q_w 及位移 U_w。

3）换算得相应单排桩的弯矩 M_p、剪力 Q_p 及位移 U_p，然后分别进行截面与配筋计算。

$$M_p = (D+t)M_w \tag{8-3}$$

$$Q_p = (D+t)Q_w \tag{8-4}$$

$$U_p = U_w \tag{8-5}$$

【例 8-1】 某基坑深 8m，采用排桩支护，排桩采用一字相切排列，单桩直径取 800mm。场地土体为砂性土，$\gamma = 18.0\text{kN/m}^3$，$c = 0$，$\varphi = 30°$。求：等效地下连续墙厚度 h；每延米墙的最大弯矩；单排桩最大弯矩。

解：（1）计算等效地下连续墙厚度 h　对于一字相切排列的单排桩，其等效地下连续墙厚度 h 为

$$h = 0.838D = 670\text{mm}$$

（2）计算每延米墙的弯矩　主动、被动土压力系数：

$$K_a = \tan^2\left(45° - \frac{\varphi}{2}\right) = 0.3333$$

$$K_p = \tan^2\left(45° + \frac{\varphi}{2}\right) = 3.0000$$

设弯矩最大点在距基坑底 x 处，可得：

$$K_a\gamma(x+8\text{m}) = K_p\gamma x$$

解得

$$x = 1.0\text{m}$$

在基坑下方 1m 处挡土墙每延米承受的弯矩为

$$M_{avg} = K_a\gamma \times 9 \times \frac{9}{2} \times \frac{9}{3} - K_p\gamma \times 1 \times \frac{1}{2} \times \frac{1}{3} = 719.93\text{kN} \cdot \text{m/m}$$

（3）单排桩的最大弯矩

$$M_{max} = (0.8 \times 719.93)\text{kN} \cdot \text{m} = 575.94\text{kN} \cdot \text{m}$$

8.2.4 桩体配筋构造

1. 柱体配筋计算

钻孔灌注桩作为挡土结构受力时，可按钢筋混凝土圆形截面受弯构件进行配筋计算。

钻孔灌注桩的纵向受力钢筋一般要求沿圆形截面周边均匀布置，且不小于 6 根。此时圆形截面受弯承载力的公式为

$$M_c = \frac{2}{3}f_c Ar \sin^3\pi\alpha + f_y A_s\, r_s \frac{\sin\pi\alpha + \sin\pi\alpha_t}{\pi} \tag{8-6}$$

$$\alpha f_c A\left(1 - \frac{\sin 2\pi\alpha}{2\pi\alpha}\right) + (\alpha - \alpha_t)f_y A_s = 0 \tag{8-7}$$

$$\alpha_t = 1.25 - 2\alpha \tag{8-8}$$

式中　M_c——桩的抗弯承载力（N·mm）；

f_c——混凝土轴心抗压强度设计值（N/mm²）；

A——桩的横截面面积（mm²）；

A_s——纵向钢筋截面面积（mm²）；

r——支护桩半径（mm）；

α——对应于受压区混凝土截面面积的圆心角（rad）与 2π 的比值；

α_t——纵向受拉钢筋截面面积与全部纵向钢筋截面面积的比值，当 $\alpha > 0.625$ 时，取 $\alpha_t = 0$；

r_s——纵向钢筋重心所在圆周的半径（mm）；

f_y——钢筋强度设计值（N/mm²）。

具体计算步骤如下：

1）根据经验预估灌注桩配筋量 A_s。

2）求出系数 $K = f_y A_s / f_c A$。

3）由式（8-7）求得 α 值。

4）将 α 代入式（8-6）求出承载力 M_c。

5）调整配筋量 A_s，重复步骤 2）、3）、4），直到弯矩设计值 M_d 小于承载力 M_c，此时，

A_s 为灌注桩设计配筋量。

2. 配筋构造

钻孔灌注桩的最小配筋率为 0.42%，主筋保护层厚度不应小于 50mm。

钢箍宜采用 φ6~φ8 螺旋钢筋，间距一般为 200~300mm。每隔 1500~2000mm 应布置一根直径不小于 12mm 的焊接加强箍筋，以增加钢筋笼的整体刚度，有利于钢筋笼吊放和浇注水下混凝土时的整体性。

钢筋笼的配筋量由计算确定，钢筋笼一般离孔底 200~500mm。

8.3　SMW 桩

型钢水泥土搅拌墙通常称为 SMW 桩，是一种在连续套接的三轴水泥土搅拌桩内插入型钢形成的复合挡土截水结构，即利用三轴水泥土搅拌桩钻机在原地层中切削土体，同时钻机前端低压注入水泥浆液，与切碎土体充分搅拌形成截水性较高的水泥土柱列式挡墙，在水泥土浆液尚未硬化前插入型钢的一种地下工程施工技术，如图 8-3 所示。

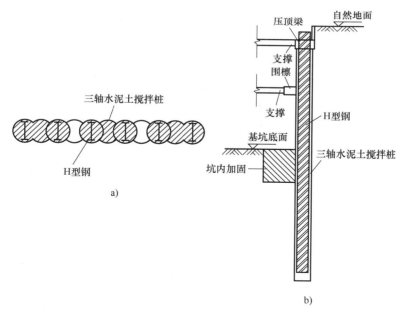

图 8-3　SMW 桩平面形式及剖面形式

a）平面形式　b）剖面形式

型钢水泥土搅拌墙源于美国的 MIP 工法（Mixing In-place Pile）。1955 年在日本大阪市安治川河畔进行的 MIP 工法试验性施工中，尝试将 MIP 工法依次连续施工做成一道柱列式地下连续墙，这就是 SMW 桩的雏形。

为了解决 MIP 工法相邻桩搭接不完全、成桩垂直度较难保证、在硬质粉土或塑性指数较高的黏性土中搅拌较困难等问题，1971 年，日本成幸利根工业株式会社研发出多轴搅拌钻机，使相邻搅拌桩套接施工，有效地解决了以前钻机的缺陷。多轴搅拌钻机的研制成功为型钢水泥土搅拌墙的广泛应用创造了条件。之后型钢水泥土搅拌墙在成桩设备、施工工艺等方面得到了不断的完善和发展。作为一种新的基坑围护施工工艺，20 世纪 80 年代后期传至我国台湾地区，20 世纪 90 年代在泰国、马来西亚等东南亚国家和美国、法国等西方国家和地区被广泛应用。目前型钢水泥土搅拌墙围护形式已经成为日本基坑围护的主要工法，并且型钢水泥土搅拌墙的施工业绩仍在不断提高，用途日益扩大。

在我国水泥土搅拌桩作为重力式挡土墙或防渗帷幕的设计理论和施工方法较为成熟，但作为型钢水泥土搅拌墙基坑围护结构的应用和其他国家相比存在一定的滞后。虽然型钢水泥土搅拌墙具有较好的经济效益和社会效益，但一直以来由于国内对该工法的作用机理、设计理论缺乏研究，没有可依据的型钢水泥土搅拌墙设计规范和理论著作，并受到水泥土搅拌桩施工设备滞后和型钢回收困难等因素影响，制约了型钢水泥土搅拌墙在我国的推广应用。

早在 20 世纪 80 年代末，型钢水泥土搅拌墙曾引起了我国工程界的关注，做了一些研究，但当时尚未在实际工程中应用。我国最早应用型钢水泥土搅拌墙的工程实例是 1994 年上海静安寺附近的环球世界大厦基坑围护工程，但未做到型钢的回收利用，因此围护工程造价与钻孔灌注桩相比并不具有优势。1998 年至 1999 年，型钢水泥土搅拌墙在上海地区逐步推广应用，主要工程有地铁二号线静安寺站下沉式广场、陆家嘴站五号出入口地下人行通道、浦东国际会议中心和地铁四号线蓝村路站等。目前型钢水泥土搅拌墙在我国上海、江苏、浙江、天津等沿海软土地区应用已经比较普遍。

国内的型钢水泥土搅拌墙施工机械和工艺最初从日本引进，消化吸收后又进行了技术创新。目前日本常用的三轴水泥土搅拌桩主要有 550 和 850 两个系列，其中 550 系列中水泥土搅拌桩直径包含 500mm、550mm、600mm、650mm 4 种类型，850 系列中水泥土搅拌桩直径包含 850mm 和 900mm 两种类型，每种直径对应相应的水泥土搅拌桩施工设备和内插型钢规格。国内从日本引进的三轴水泥土搅拌桩施工设备主要为 650mm 和 850mm 两种，经过改进，国内研发了 1000mm 搅拌桩施工机械。

日本的型钢水泥土搅拌墙在地下室结构施工完成后一般不拔除，永久留在地下，国内引进后进行了工艺改进，型钢一般在地下室施工后拔除，这与日本存在不同。

8.3.1 SMW 围护结构的特点

目前工程上广泛采用的水泥土搅拌桩主要分为双轴和三轴两种，双轴水泥土搅拌桩相对于三轴水泥土搅拌桩有以下缺点：

1）双轴水泥土搅拌桩成桩质量和均匀性较差，成桩的垂直精度也较难保证。

2）施工中很难保持相邻桩之间的完全搭接，尤其是在搅拌桩施工深度较深的情况。

3）施工过程中遇到障碍物，钻杆易发生弯曲，影响搅拌桩的截水效果。

4）在硬质粉土或砂性土中搅拌较困难，成桩质量较差。

SMW 围护结构具有以下特点：

1）应用范围广，适用于淤泥质土、黏性土、粉土和砂土。

2）SMW 桩不需要额外施工截水帷幕，与其他工法相比占用空间较少。

3）内插 H 型钢，在地下室施工完成并回填土后可以拔出，不仅避免形成地下永久障碍物，还具有可回收循环利用、节约资金的优势。

4）对周围环境影响小，无须事先成孔，可以减少对邻近土体的扰动。

5）截水防渗性能好，水泥土搅拌桩的渗透系数小，一般可达 $10^{-8} \sim 10^{-7} \mathrm{cm/s}$。

而 SMW 围护结构在应用上也存在一定的局限性：

1）目前型钢水泥土搅拌墙主要应用于沿海软土地区，其他地区应用相对较少。

2）一直以来由于对型钢水泥土搅拌墙研究重视不够，缺乏有效的科研投入，相关规范规程和理论著作匮乏，在一定程度上制约了其工程应用；型钢水泥土搅拌墙设计计算理论还有待进一步完善，特别是在搅拌桩和型钢协同工作方面，仍有许多问题需要进一步深入研究。

3）对型钢水泥土搅拌墙的一些设计施工参数还没有统一的标准。

4）目前工程中对搅拌桩强度的争议比较大，各种规范和手册的要求也不统一；在水泥土搅拌桩的强度检测中，几种方法都存在不同程度的缺陷，如：试块试验不能真实地反映桩身全断面在土中（水下）的强度值，钻孔取芯对芯样有一定的破坏。

5）搅拌桩的施工工艺有待进一步完善，施工机械有待进一步改进。

8.3.2 SMW 搅拌桩与型钢相互作用机理

SMW 搅拌桩与型钢相互作用机理

1. 型钢与水泥土相互作用研究现状

目前对水泥土与型钢之间黏结强度的研究还不充分，一般认为水泥土与型钢之间的黏结是一种柔性黏结，其黏结强度不能与混凝土与钢筋之间的刚性黏结相比。因此通常认为水土侧压力全部由型钢承担，水泥土搅拌桩的主要作用是抗渗截水，但这并不是意味着水泥土搅拌桩对型钢不起作用，试验研究表明水泥土对型钢的包裹作用能够提高型钢的刚度，防止型钢失稳。

2. 型钢与水泥土相互作用过程

第一阶段：如图 8-4a 所示，弯矩较小时，截面上水泥土与型钢应力均呈线性分布。

第二阶段：如图 8-4b 所示，随着弯矩增大，受拉区水泥土应力达到抗拉强度，开始开裂。水泥土开裂后即退出工作，中性轴略上移，这一阶段一般持续时间较短。

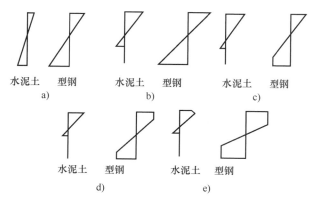

水泥土 型钢
a)

水泥土 型钢
b)

水泥土 型钢
c)

水泥土 型钢
d)

水泥土 型钢
e)

图 8-4 型钢与水泥土相互作用过程

a）第一阶段 b）第二阶段 c）第三阶段 d）第四阶段 e）第五阶段

第三阶段：如图 8-4c 所示，型钢受拉区达到屈服强度，应力分布不再呈线性，而受压区由于水泥土的分担作用，型钢还未屈服。

第四阶段：如图 8-4d 所示，型钢受压区达到屈服强度。由于水泥土弹性模量较低，水泥所受应力一般还未达到其抗压强度，中和轴继续上移。弯矩-挠度曲线表现出明显的非线性。

第五阶段：如图 8-4e 所示，受压区水泥土达到抗压强度，开始出现破碎，所受应力下降，中性轴下移，型钢塑性区扩大，直至结构破坏。

8.3.3 SMW 常见布置形式

SMW 常见
布置形式

型钢水泥土搅拌墙的墙体厚度、型钢截面和型钢间距一般由三轴水泥土搅拌桩的桩径决定，三轴水泥土搅拌桩的常见桩径分别为 650mm、850mm、1000mm。

型钢常规布置形式有密插型、插二跳一和插一跳一，如图 8-5 所示。H 型钢截面尺寸与三轴水泥土搅拌桩的桩直径相对比，H500×300 或 H500×200 型钢插入 ϕ650mm 搅拌桩；H700×300 型钢插入 ϕ850mm，H800×300 或 H850×300 型钢插入 ϕ1000mm 搅拌桩。

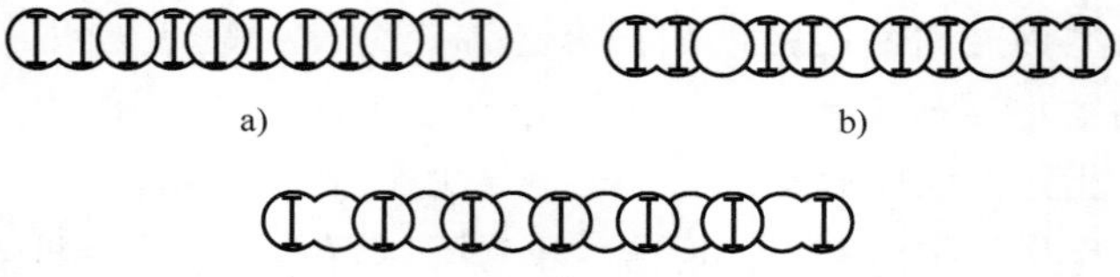

图 8-5 型钢布置形式

a）密插型　b）插二跳一　c）插一跳一

H 型钢的间距为：密插型间距 450mm、600mm、750mm；插二跳一间距 675mm、900mm、1125mm；插一跳一间距 900mm、1200mm、1500mm。

8.3.4 SMW 围护结构的计算与设计

1. 计算要点

SMW 围护结构的受力与变形计算多采用弹性支点法，按照相应的嵌固稳定性或整体稳定性确定。

在进行围护墙内力和变形计算以及基坑的各项稳定性分析时，围护墙的深度以内插型钢底端为准，不计型钢端部以下水泥土搅拌桩的作用。

型钢水泥土搅拌墙中的水泥土搅拌桩，担负着基坑开挖过程中截水帷幕的作用。水泥土搅拌桩的入土深度主要满足抗渗流、抗管涌以及抗突涌稳定性要求。

2. SMW 围护结构截面设计

SMW 围护结构截面设计主要是确定型钢截面和型钢间距。

（1）型钢截面　型钢的截面由型钢的强度验算确定，即需要对型钢所受的应力进行验算，包括型钢的抗弯及抗剪强度是否满足要求。

1）抗弯验算。作用于型钢水泥土搅拌墙的弯矩全部由型钢承担，型钢的抗弯强度应符合下式要求，即

$$\frac{1.25\gamma_0 M_k}{W} \leqslant f \tag{8-9}$$

式中 γ_0——支护结构重要性系数，按照《建筑基坑支护技术规程》（JGJ 120—2012）取值；

M_k——作用于 SMW 围护结构的弯矩标准值（N·mm）；

W——型钢沿弯矩作用方向的截面模量（mm³）；

f——型钢的抗弯刚度设计值（N/mm²）。

2）抗剪验算。作用于 SMW 围护结构的剪力全部由型钢承担，型钢的抗剪强度应符合下式要求，即

$$\frac{1.25\gamma_0 V_k S}{I t_w} \leqslant f_v \tag{8-10}$$

式中 V_k——作用于 SMW 围护结构的剪力标准值（N）；

S——型钢计算剪应力处以上毛面积对中和轴的面积矩（mm³）；

I——型钢沿弯矩作用方向的毛截面惯性矩（mm⁴）；

t_w——型钢腹板厚度（mm）；

f_v——型钢的抗剪强度设计值（N/mm²）。

（2）型钢的间距 SMW 围护结构应该满足水泥土搅拌桩桩身局部受剪承载力的要求。局部受剪承载力验算包括型钢与水泥土之间的错动受剪承载力和水泥土搅拌桩最薄弱截面处的局部受剪承载力，如图 8-6 所示。

型钢的间距

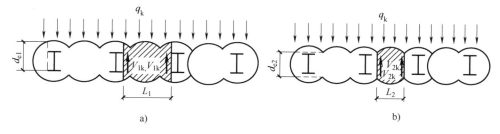

图 8-6 水泥土搅拌桩局部受剪承载力计算示意图

a）型钢与水泥土之间的错动受剪承载力验算图 b）水泥土搅拌桩最薄弱截面处的局部受剪承载力验算图

1）当型钢隔孔设置时，型钢与水泥土之间的错动受剪承载力（见图 8-6a）按下列公式进行计算，即

$$\tau_1 = \frac{1.25\gamma_0 V_{1k}}{d_{e1}} \leqslant \tau \tag{8-11}$$

$$V_{1k} = \frac{q_k L_1}{2} \tag{8-12}$$

$$\tau = \frac{\tau_{ck}}{1.6} \tag{8-13}$$

式中 τ_1——作用于型钢与水泥土之间的错动剪应力设计值（N/mm²）；

V_{1k}——作用于型钢与水泥土之间单位深度范围内的错动剪力标准值（N/mm）；

q_k——作用于型钢水泥土搅拌墙计算截面处的侧压力强度标准值（N/mm²）；

L_1——相邻型钢翼缘之间的净距（mm）；

d_{e1}——型钢翼缘处水泥土墙体的有效厚度（mm），取迎坑面型钢边缘至迎土面错动受剪面的水泥土搅拌桩边缘的距离。

τ——水泥土抗剪强度设计值（N/mm²）；

τ_{ck}——水泥土抗剪强度标准值（N/mm²），可取搅拌桩 28d 龄期无侧限抗压强度的 1/3，28d 龄期无侧限抗压强度标准值 q_{uk} 不宜小于 0.5MPa。

2）当型钢隔孔设置时，水泥土搅拌桩最薄弱截面处的局部受剪承载力（见图 8-6b）按下列公式进行计算，即

$$\tau_2 = \frac{1.25\gamma_0 V_{2k}}{d_{e2}} \leqslant \tau \tag{8-14}$$

$$V_{2k} = \frac{q_k L_2}{2} \tag{8-15}$$

式中 τ_2——作用于水泥土搅拌桩最薄弱截面处的局部剪应力设计值（N/mm²）；

V_{2k}——作用于水泥土搅拌桩最薄弱截面处单位深度范围内的剪力标准值（N/mm）；

L_2——水泥土搅拌桩相邻最薄弱截面的净距（mm）；

d_{e2}——水泥土搅拌桩最薄弱截面处墙体的有效厚度（mm）。

3. 型钢回收

型钢和水泥土两种材料共同作用机理的复杂性决定了型钢拔出过程较为复杂。通常设计中为了方便，假设型钢拔出时阻力沿接触界面均匀分布。要保证 H 型钢的完整回收，首先设计过程中需进行型钢的抗拔验算。根据静力平衡条件知，H 型钢的起拔力 P_m 等于静摩擦阻力 P_f、变形阻力 P_d 和自重 G 三部分之和，即

型钢拔出作用
机理与验算

$$P_m = P_f + P_d + G \tag{8-16}$$

由于起拔机具的起拔力有限，应尽可能降低其起拔力 P_m 大小。为减少起拔时的静摩阻力，H 型钢表面涂有减摩剂。当变位速率 $\Delta m/l_H \leqslant 0.5\%$，$\Delta m$ 为墙体最大水平变位，l_H 为型钢在水泥土搅拌桩中的总长度），其最大变形阻力 $P_d \approx P_f$。拔出试验表明，自重 G 在起拔力中所占比例相当小，可以忽略。因此，式（8-16）可简化为

$$P_m \approx 2P_f = 2\mu_f Sl_H \tag{8-17}$$

式中 μ_f——H 型钢与水泥土之间的单位面积静摩阻力（MPa），平均取 0.04MPa；

Sl_H——H 型钢与水泥土之间的接触面积（m²）。

为保证 H 型钢回收后的重复利用，要求 H 型钢在起拔过程中处于弹性状态，取其屈服

强度 σ_s 的 70% 作为允许应力，故型钢的允许拉力为

$$[P]=0.7\sigma_s A_H \tag{8-18}$$

式中　A_H——H 型钢的截面面积（m^2）。

那么起拔力必须满足下式：

$$P_m \leqslant [P] \tag{8-19}$$

【例 8-2】　基坑采用型钢水泥土搅拌墙支护，如图 8-7 所示。三轴水泥土搅拌桩直径为 850mm，采用套接一孔法施工，搭接长度为 200mm，水泥土无侧限抗压强度标准值 $q_{uk}=$ 0.8MPa，最大侧压力标准值为 $q_{ck}=92.7$kPa。H 型钢截面为 700mm × 300mm，材质为 Q235B，型钢沿弯矩作用方向的惯性矩为 $I_x=2.01\times10^9\,mm^4$，型钢隔孔插入搅拌桩。采用平面杆系结构弹性支点法计算，荷载计算宽度范围内挡土结构内力标准值分别为：基坑内侧最大弯矩 $M_k=504.1$kN·m，基坑外侧最大弯矩 $M_k=267.6$kN·m，最大剪力 $V_k=317.5$kN。支护结构安全等级为一级，验算型钢截面及型钢间距是否满足要求。

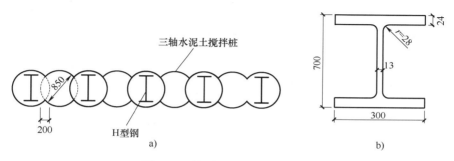

图 8-7　型钢水泥土搅拌墙示意图

a）型钢布置形式　b）H 型钢截面

解：支护结构安全等级为一级，因此 $\gamma_0=1.1$，Q235B 钢材的抗弯强度 $f=235$N/mm^2，抗拉强度 $f_y=375$N/mm^2，抗剪强度 $f_v=f_y/\sqrt{3}=216.5$N/mm^2。

（1）抗弯验算　型钢惯性矩 $I_x=2.01\times10^9\,mm^4$，截面模量 $W=\dfrac{I_x}{y_{max}}=\dfrac{2.01\times10^9}{350}mm^3=5.743\times10^6\,mm^3$

型钢的抗弯强度应符合式（8-9）的要求：

$$\frac{1.25\gamma_0 M_k}{W}=\frac{1.25\times1.1\times504.1\times10^6}{5.743\times10^6}N/mm^2=120.7\,N/mm^2\leqslant f=235\,N/mm^2$$

抗弯强度满足要求。

（2）抗剪验算　H 型钢最大剪应力出现在中性轴上，因此验算截面为中性轴。

$$S=\sum Ay=\left[300\times24\times\frac{(700-24)}{2}+13\times\left(\frac{700}{2}-24\right)\times\left(\frac{700}{2}-24\right)\times\frac{1}{2}\right]mm^3=3.12\times10^6\,mm^3$$

型钢的抗剪强度为

$$\frac{1.25\gamma_0 V_k S}{I_x t_w}=\frac{1.25\times1.1\times317.5\times10^3\times3.12\times10^6}{2.01\times10^9\times13}N/mm^2=52.13\,N/mm^2\leqslant f_v=216.5\,N/mm^2$$

抗剪强度满足要求。

（3）型钢的间距

1）型钢与水泥土之间的错动受剪承载力应按式（8-11）～式（8-13）验算。

搅拌桩直径为850mm，搭接长度为200mm，因此相邻型钢翼缘之间净距 $L_1 =$ $(850 \times 2 - 200 \times 2 - 150 \times 2)$ mm $= 1000$mm，型钢翼缘处水泥土墙体的有效厚度 $d_{e1} =$ $\left[\dfrac{700}{2} + \sqrt{\left(\dfrac{850}{2}\right)^2 - \left(\dfrac{300}{2}\right)^2} \right]$ mm $= 747.65$mm

$$V_{1k} = \frac{q_{ck}L_1}{2} = \frac{92.7 \times 10^{-3} \times 1000}{2} \text{N/mm} = 46.35 \text{N/mm}$$

水泥土抗剪强度标准值取抗压强度标准值的1/3，水泥土抗剪强度设计值为

$$\tau = \frac{\tau_{ck}}{1.6} = \frac{1}{3} \times \frac{q_{uk}}{1.6} = \frac{1}{3} \times \frac{0.8}{1.6} = \frac{1}{6} \text{N/mm}^2 = 0.167 \text{N/mm}^2$$

$$\tau_1 = \frac{1.25 \gamma_0 V_{1k}}{d_{e1}} = \frac{1.25 \times 1.1 \times 46.35}{747.65} \text{N/mm}^2 = 0.085 \text{N/mm}^2 \leqslant \tau = 0.167 \text{N/mm}^2$$

满足要求。

2）水泥土搅拌桩最薄弱截面处的局部受剪承载力按式（8-14）和式（8-15）验算。

水泥土搅拌桩最薄弱截面的净距 $L_2 = (850 - 200)$ mm $= 650$mm

水泥土搅拌桩最薄弱截面处墙体的有效厚度

$$d_{e2} = \left[2 \times \sqrt{\left(\frac{850}{2}\right)^2 - \left(\frac{850}{2} - 100\right)^2} \right] \text{mm} = 547.72 \text{mm}$$

$$V_{2k} = \frac{q_{ck}L_2}{2} = \frac{92.7 \times 10^{-3} \times 650}{2} \text{N/mm} = 30.13 \text{N/mm}$$

$$\tau_2 = \frac{1.25 \gamma_0 V_{2k}}{d_{e2}} = \frac{1.25 \times 1.1 \times 30.13}{547.72} \text{N/mm}^2 = 0.076 \text{N/mm}^2 \leqslant \tau = 0.167 \text{N/mm}^2$$

满足要求。

8.4 施工要点

1. 钻孔灌注桩干作业成孔施工

钻孔灌注桩干作业成孔的主要方法有螺旋钻孔机成孔、机动洛阳挖孔机成孔及旋挖钻机成孔等方法。

螺旋钻孔机由主机、滑轮、螺旋钻杆、钻头、滑动支架、出土装置等组成。主要利用螺旋钻头切削土，被切的土块随钻头旋转，并沿螺旋叶片上升而被推出孔外。该类钻机结构简单、使用可靠、成孔作业效率高、质量好、无振动、无噪声、耗用钢材少，最宜用于均质黏性土，并能较快穿透砂层。螺旋钻孔机适用于地下水位以上的匀质黏土、砂性土及人工填土。

钻头的类型有多种，黏性土中成孔大多常用锥式钻头。耙式钻头用45号钢制成，齿尖处镶有硬质合金刀头，最适用于穿透填土层，能把碎砖破成小块。平底钻头适用于松散土层。

机动洛阳挖孔机由提升机架、滑轮组、卷扬机及机动洛阳铲组成。提升机动洛阳铲到一定高度后，靠机动洛阳铲的冲击能量开孔挖土，每次冲铲后，将土从铲具钢套中倒弃。机动洛阳挖孔机宜用于地下水位以下的一般黏性土、黄土和人工填土地基，设备简单，操作容易，在北方地区应用较多。

旋挖钻机利用功率较大的电动机驱动可旋转取土的钻斗，将钻头强力旋转压入土中，通过钻斗把旋转切削下来的土屑提出地面。该方法在土质较好的条件下可实现干作业成孔，不必采用泥浆护壁。

2. 钻孔灌注桩湿作业成孔施工

（1）成孔方法　钻孔灌注桩湿作业成孔的主要方法有冲击成孔、潜水电钻机成孔、工程地质回转钻机成孔及旋挖钻机成孔等。

用作挡墙的灌注桩施工前必须试成孔，数量不得少于2个。以便核对地质资料，检验所选的设备、机具、施工工艺以及技术要求是否适宜。如孔径、垂直度、孔壁稳定和沉淤等检测指标不能满足设计要求时，应拟定补救技术措施，重新选择施工工艺。

成孔须一次完成，中间不间断。成孔完毕至灌注混凝土的间隔时间不应大于24h。

为保证孔壁的稳定，应根据地质情况和成孔工艺配制不同的泥浆。成孔到设计深度后，应进行孔深、孔径、垂直度、沉浆浓度、沉渣深度等测试检查，确认符合要求后，方可进行下一道工序施工。根据出渣方式的不同，成孔作业可分成正循环成孔和反循环成孔两种。

（2）清孔　完成成孔后，在灌注混凝土之前，应进行清孔。清孔通常应分2次进行。第一次清孔在成孔完毕后立即进行；第二次在下放钢筋笼和灌注混凝土导管安装完毕后进行。

常用的清孔方式有正循环清孔、泵吸反循环清孔和空气升液反循环清孔，通常随成孔时采用的循环方式而定。清孔时先是钻头稍作提升，然后通过不同的循环方式排除孔底沉淤，与此同时，不断注入洁净的泥浆水，用以降低桩孔泥浆水中的泥渣含量。

清孔过程中应测定沉浆指标。清孔后的泥浆相对密度应小于1.15。清孔结束时应测定孔底沉淤，孔底沉淤厚度一般应小于20cm。

第2次清孔结束后孔内应保持水头高度，并应在30min内灌注混凝土。若超过30min，灌注混凝土前应重新测定孔底沉淤厚度。

（3）钢筋笼施工　钢筋笼宜分段制作。分段长度应按钢筋笼的整体刚度、来料钢的长度及起重设备的有效高度等因素确定。钢筋笼在起吊、运输和安装过程中应采取措施防止变形。

（4）水下混凝土施工　配制混凝土必须保证能满足设计强度以及施工工艺要求。灌注混凝土是确保成桩质量的关键工序，灌注前应做好一切准备工作，保证混凝土灌注连续紧凑地进行。

钻孔灌注桩柱列式排桩采用湿作业法成孔时，要特别注意孔壁护壁问题。当桩距较小时，由于通常采用跳孔法施工，当桩孔出现坍塌或扩径较大时，会导致已经施工的两根桩之间插入后施工的桩时发生成孔困难，必须把该根桩向排桩轴线外移才能成孔。一般而言，柱列式排桩的净距不宜少于200mm。

3. 止水帷幕与灌注桩重合围护结构施工

止水帷幕与灌注桩重合围护结构施工的关键与咬合桩施工类似，即注意相邻的搅拌桩与混凝土桩施工的时间安排和搅拌桩成桩的垂直度。一般而言，搅拌桩施工结束的48h内施工灌注桩时易发生塌孔、扩径严重等现象，因此不宜施工灌注桩。但时间超过7d后，由于搅拌桩强度的增加，施工灌注桩的阻力较大。施工时也要特别注意避免因已施工完成的搅拌桩垂直度偏差较大而造成与钢筋混凝土桩搭接效果不好，甚至出现基坑漏水的情况。

4. 人工挖孔桩围护结构施工

人工挖孔桩是采用人工挖掘桩身土方，随着孔洞的下挖，逐段浇捣钢筋混凝土护壁，直到设计所需深度，土层好时，也可不用护壁，一次挖至设计标高，最后在护壁内一次浇注完成混凝土桩身的桩。挖孔桩作为基坑支护结构与钻孔灌注桩相似，由多个桩组成桩墙而起挡土作用。它有如下优点：大量的挖孔桩可分批挖孔，使用机具较少，无噪声、无振动、无环境污染；适应建筑物、构筑物拥挤的地区，对邻近结构和地下设施的影响小，场地干净，造价较经济。

5. 钻孔压浆桩围护结构施工

钻孔压浆桩钻孔通常用长螺旋钻机，也可用地质钻机改装而成。钻孔直径为400mm左右，孔深按设计要求，但受钻机起吊能力的限制，钻孔垂直精度小于1/200，由此定出相邻两桩之间的净间距为$0.005H$（H为桩深）。在钻孔过程中，如遇到黏性较好的黏土，可将钻杆反复上下扫孔，使其与清水混合成泥浆后排出。

桩体采用的石料由直径$10\sim30$mm的石子组成，进场石料要求含泥量小于2%。石子倒入完毕后，即开泵注清水，清水通过注浆管从孔底流出，达到清洗石子的目的。要求注水直到孔口由冒出泥浆水变为冒出清水为止，然后可压住水泥浆形成钢筋混凝土桩体。

6. 咬合桩围护结构施工

咬合桩是采用全套管灌注桩机施工形成的桩与桩之间相互咬合排列的一种基坑支护结构。施工时，通常采用全钢筋混凝土桩排列及钢筋混凝土与素混凝土交叉排列两种形式，其中交叉排列桩的应用较为普遍。素混凝土桩采用超缓凝型混凝土先期浇注，在其混凝土初凝前利用套管钻机的切割能力切割掉相邻素混凝土桩相交部分的混凝土，然后浇注钢筋混凝土桩，实现相邻桩的咬合，如图8-8所示。

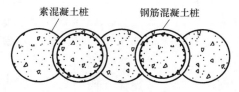

图 8-8　咬合桩构造

7. 桩-锚支护结构施工

桩-锚支护结构施工的顺序总体如下：

1）施工止水帷幕与排桩。

2）施工桩顶帽梁。

3）开挖土方至第一层锚杆标高以下设计开挖深度，挂网喷射桩间混凝土。

4）逐根施工锚杆。

5）安装腰梁和锚具，待锚杆达到设计龄期后逐根张拉至锚杆设计承载力的 0.9~1.0 倍后，再按设计锁定。

6）继续开挖下一层土方并施工下一排锚杆。

具体锚杆的施工工艺可参考第 7 章。为了提高对锚杆的锚固段所通过的锚固力，有时还可以考虑对锚杆采用二次注浆的工艺。

8. SMW 围护结构施工

SMW 围护结构施工流程如图 8-9 所示。

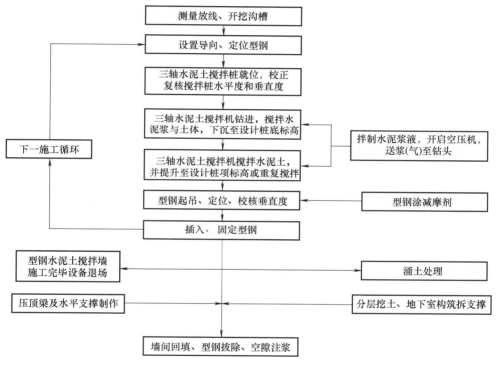

图 8-9 SMW 围护结构施工流程

（1）型钢的表面处理

1）型钢表面应进行清灰除锈，并在干燥条件下，涂抹经过加热融化的减摩剂。

2）浇筑压顶圈梁时，埋设在圈梁中的型钢部分必须用油毡等材料将其与混凝土隔开以便于起拔回收。

（2）型钢的插入

1）型钢的插入宜在搅拌桩施工结束后 30min 内进行，插入前必须检查其垂直度，接头焊缝质量，并确保满足设计要求。

2）型钢的插入必须采用牢固的定位导向架，用起重机起吊型钢，必要时可采用经纬仪校核型钢插入时的垂直度，型钢插入到位后，用悬挂物件控制型钢顶标高。

3）型钢插入宜依靠自重插入，也可借助带有液压钳的振动锤等辅助手段下沉到位，严禁采用多次重复起吊型钢，并松钩下落的插入方法，若采用振动锤下沉工艺，不得影响周围环境。

4）当型钢插入到设计标高时，用吊筋将型钢固定，溢出的水泥土必须进行处理，控制到一定标高以便进行下道工序施工。

5）待水泥土搅拌桩硬化到一定程度后，将吊筋与沟槽定位型钢撤除。

（3）型钢的拔除

1）型钢回收应在主体地下结构施工完成，地下室外墙与搅拌墙之间回填密实后方可进行，在拆除支撑和腰梁时应将型钢表面留有的腰梁限位或支撑抗滑构件、电焊等清除干净。

2）型钢拔除通过液压千斤顶配以起重机进行，对于起重机无法吊到的部位由塔式起重机配合吊运或采取其他措施。

3）型钢拔除回收时，应根据环境保护要求采用跳拔，限制拔除型钢数量等措施，并及时对型钢拔出后形成的空隙注浆充填。

习 题

1. 排桩内力和变形计算采用什么理论？

2. 等效地基梁计算所得变形与排桩变形有什么关系？

3. 排桩的止水措施有哪些？

4. SMW 桩型钢和水泥土相互作用机理是什么？

5. SMW 桩型钢回收如何设计？

6. 基坑开挖深度为 15m，墙后土体为黏土，重度为 19kN/m³，黏聚力为 35kPa，内摩擦角为 18°。采用 0.8m 直径排桩围护，排桩间距为 1m，分别在埋深 0m、5m、10m 和 13m 处设置一道支撑，请计算排桩内力。

第9章　内支撑系统

深基坑工程中的支护结构形式，一般分为围护墙结合内支撑系统和围护墙结合锚杆两种形式。作用在围护墙上的水土压力可以由内支撑系统有效地传递和平衡，也可以由坑外设置的土层锚杆平衡。内支撑系统可以直接平衡两端围护墙上所受的侧压力，具有构造简单、受力明确的特点；锚杆设置在围护墙的外侧，为挖土、结构施工创造了空间，有利于提高施工效率。本章主要介绍内支撑系统的设计与施工。

内支撑系统由水平支撑和竖向支承两部分组成，深基坑开挖中采用内支撑系统的围护方式已得到广泛的应用，特别是针对软土地区基坑开挖面积大、深度深的特点，内支撑系统由于具有无须占用基坑外侧地下空间资源、可提高整个围护体系的整体强度和刚度以及可有效控制基坑变形的优点而得到了大量的应用。图9-1和9-2所示为常用的钢筋混凝土支撑和钢管支撑两种内支撑形式的现场实景。

图9-1　钢筋混凝土支撑

图9-2　钢管支撑

■ 9.1　内支撑系统的构成

围檩、水平支撑和立柱是内支撑系统的基本构件，如图9-3所示。

围檩：围檩是协调支撑和围护墙结构间受力与变形的重要受力构件，其可加强围护墙的整体性，并将其所受的水平力传递给支撑构件，因此要求具有较好的自身刚度和较小的垂直位移。首道支撑的围檩应尽量兼作围护墙的圈梁。

内支撑系统的构成

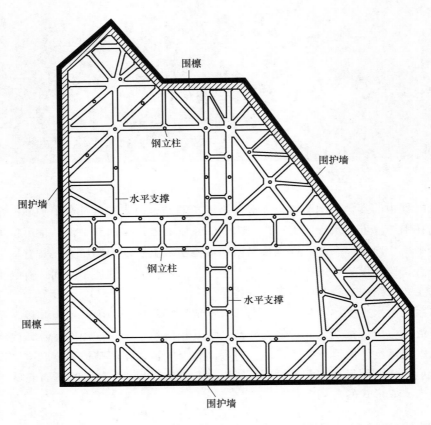

图 9-3　内支撑系统的组成

水平支撑：水平支撑是平衡围护墙外侧水平作用力的主要构件，要求传力直接、平面刚度好而且分布均匀。

竖向支承：钢立柱及立柱桩的作用是保证水平支撑的纵向稳定，加强支撑体系的空间刚度和承受水平支撑传来的竖向荷载，要求具有较好的自身刚度和较小的垂直位移。

■ 9.2　支撑设计

支撑系统的设计应包含支撑材料的选择、结构体系的布置、支撑结构内力和变形计算、支撑构件的强度和稳定性计算、支撑构件的节点设计以及支撑结构的安装和拆除。

9.2.1　支撑体系

1. 单层或多层平面支撑体系

平面支撑体系可以直接平衡支撑两端围护墙上所受到的侧压力，使用范围广。但当支撑长度较大时，应考虑支撑自身的弹性压缩变形以及温度应力引起的变形等因素对基坑位移的影响。图 9-4 为多层平面支撑体系。

2. 竖向斜撑体系

竖向斜撑体系的作用是将围护墙所受的水平力通过斜撑传到基坑中部先浇筑好的斜撑基础上。对于平面尺寸较大，形状不规则的基坑，采用斜撑体系施工比较方便，也可大幅减少支撑数量。但墙体位移受到基坑周边土坡变形、斜撑弹性压缩以及斜撑基础变形等多种因素的影响，在设计计算时应合理考虑上述因素的影响。此外，土方施工和支撑安装应保证对称性。图9-5为竖向斜撑体系。

图 9-4 多层平面支撑体系

图 9-5 竖向斜撑体系

9.2.2 支撑构件材料

支撑构件的材料可以采用钢或混凝土，也可以根据实际情况采用钢和混凝土组合的支撑形式。钢结构支撑具有自重轻、安装和拆除方便、施工速度快以及可以重复使用等优点，此外钢结构支撑安装后能立即发挥支撑作用，对减少由于时间效应而增加的基坑位移是十分有效的，因此如有条件，应优先采用钢结构支撑。但是钢支撑的节点构造和安装相对比较复杂，如处理不当，会由于节点的变形或节点传力的不直接而引起基坑过大的位移。因此，提高节点的整体性和施工技术水平是至关重要的。表9-1和表9-2分别为常用 H 型钢和钢管支撑。

表 9-1 常用 H 型钢支撑

尺寸/mm	单位质量/(kg/m)	横截面面积/cm²	回转半径/cm		截面惯性矩/cm⁴		截面抵抗矩/cm³	
$A \times B \times t_1 \times t_2$	W	A_0	i_x	i_y	I_x	I_y	W_x	W_y
800×300×14×26	210	267	33	6.62	254000	9930	7290	782
700×300×12×14	185	236	29.3	6.78	201000	10800	5760	722
600×300×12×20	151	193	24.8	6.85	118000	9020	4020	601
500×300×11×18	129	164	20.8	7.03	71400	8120	2930	541
400×400×13×21	172	220	17.5	10.1	66900	22400	3340	1120

表 9-2 常用钢管支撑

尺寸/mm	单位质量/(kg/m)	横断截面面积/cm²	回转半径/cm	轴惯性矩/cm⁴
$D \times t$	g	A	i_x	I_x
609×16	234	298	21	131117
609×12	177	225	21	100309
580×16	223	283	20	112815

现浇混凝土支撑由于其刚度大，整体性好，可以采取灵活的布置方式进而适应于不同形状的基坑，而且不会因节点松动引起基坑变形，施工质量相对容易得到保证，所以使用面较广。但是混凝土支撑在现场需要较长的制作和养护时间，制作后不能立即发挥支撑作用，需要达到一定的强度后，才能进行其下土方作业，施工周期相对较长。同时，混凝土支撑采用爆破方法拆除时，对周围环境（包括振动、噪声和城市交通等）有一定的影响，爆破后的清理工作量也很大，支撑材料不能重复利用。因此，提高混凝土的早期强度，提高材料的经济性，研究和采用装配式预应力混凝土支撑结构是今后支撑结构体系研究中值得关注的方向。

9.2.3 水平支撑系统设计的基本要求

1. 水平支撑系统平面布置原则

水平支撑系统中内支撑与围檩必须形成稳定的结构体系，有可靠的连接，满足承载力、变形和稳定性要求。水平支撑系统的平面布置形式众多，从技术上，同样的基坑工程采用多种支撑平面布置形式均是可行的，但科学、合理的支撑布置形式应是兼顾了基坑工程特点、主体地下结构布置以及周边环境的保护要求和经济性等综合因素的和谐统一。通常情况下可采用以下几种方式：

1）长条形基坑工程中，可设置以短边方向的对撑体系，两端可设置水平角撑体系。短边方向的对撑体系可根据基坑短边的长度、土方开挖、工期等要求采用钢支撑或者混凝土支撑，两端的角撑体系从基坑工程的稳定性以及控制变形角度上，宜采用混凝土支撑。

2）当基坑周边紧邻保护要求较高的建（构）筑物、地铁车站或隧道等既有结构，对基坑工程的变形控制要求较为严格，或者基坑面积较小且两个方向的平面尺寸大致相等，或者基坑形状不规则，其他形式的支撑布置有较大难度时，宜采用相互正交的对撑布置方式。该布置方式的支撑系统具有支撑刚度大、传力直接以及受力清楚的特点，适合在变形控制要求高的基坑工程中应用。

3）当基坑面积较大且平面形状不规则，同时在支撑平面中需要留设较大作业空间时，宜采用角部设置角撑、长边设置沿短边方向的对撑结合边桁架的支撑体系。该类型支撑体系由于具有较好的控制变形能力、大面积无支撑的出土作业面以及可适应各种形状的基坑工程，同时由于支撑系统中对撑、各檩对撑之间具有较强的独立受力性能，易于实现土方上的流水化施工，同时还具有较好的经济性。

4）基坑平面为规则的方形、圆形或者平面虽不规则但基坑两个方向的平面尺寸大致相等，或者为了完全避让塔楼框架柱、剪力墙等竖向结构以方便施工、加快塔楼施工工期，尤

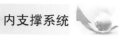

其是当塔楼竖向结构采用劲性构件时，临时支撑平面应错开塔楼竖向结构的施工，可采用单圆环形支撑甚至多圆环形支撑布置方式。

5）基坑平面有向坑内折角（阳角）时，阳角处的内力比较复杂，是应力集中的部分，工程风险较大。阳角的处理应从多方面进行考虑，首先基坑平面的设计应尽量避免出现阳角，当不可避免时，需做特别的加强，如在阳角的两个方向上设置支撑点，或者可根据实际情况将该位置的支撑杆件设置现浇板，通过增设现浇板增强该区域的支撑刚度，控制该位置的变形。

6）支撑结构与主体地下结构的施工工期通常是错开的，为了不影响主体地下结构的施工，支撑系统平面布置时，支撑轴线应尽量避开主体工程的柱网轴线，同时，避免出现整根支撑位于结构剪力墙之上的情况，其目的是减小支撑体系对主体结构施工时的影响。

7）支撑杆件相邻水平距离首先应确保支撑系统整体变形和支撑构件承载力在要求范围之内，其次应满足土方工程的施工要求。

2. 水平支撑系统竖向布置原则

在基坑竖向平面内需要布置的水平支撑的数量，主要根据基坑围护墙的承载力和变形控制计算确定，同时应满足土方开挖的施工要求。基坑竖向支承的数量主要受土层地质特性以及周围环境保护要求的影响。

一般情况下，支撑系统竖向布置可按以下原则进行确定：

1）在竖向平面内，水平支撑的层数应根据基坑开挖深度、土方工程施工、围护结构类型及工程经验，由围护结构的计算工况确定。

2）上、下各层水平支撑的轴线应尽量布置在同一竖向平面内，相邻水平支撑的净距不宜小于 3m，当采用机械开挖及运输时应根据机械操作所需空间的要求适当增大。

3）各层水平支撑与围檩的轴线标高应在同一平面上，且设定的各层水平支撑的标高不得妨碍主体工程施工。

4）首道水平支撑和围檩的布置宜尽量与围护墙的顶圈梁相结合。在环境条件允许时，可尽量降低首道支撑的标高。

3. 竖向斜撑的设计

竖向斜撑体系一般较多地应用在开挖深度较小、面积巨大的基坑工程中。竖向斜撑体系一般由斜撑、压顶圈梁和斜撑基础等构件组成，一般斜撑投影长度大于 15m 时应在其中部设置立柱。

采用竖向斜撑体系的基坑，在基坑中部的土方开挖后和斜撑未形成前，基坑变形取决于围护墙内侧预留的土堤对墙体所提供的被动抗力，因此保持土堤边坡的稳定至关重要，必须通过计算确定可靠的安全储备。

9.2.4　水平支撑的计算

水平支撑系统计算可分为在土压力水平力作用下的水平支撑计算和竖向力作用下的水平支撑计算，现阶段的计算手段已经可以实现将围护墙、内支撑以及立柱作为一个整体采用空间模型进行分析，支撑构件的内力和变形可以根据其静力计算结果确定，但空间计算模型在

水平支撑的计算

实用程度上存在不足，因此现阶段绝大部分内支撑系统均采用相对简便的平面计算模型进行分析，该情况下，水平支撑计算应分别进行水平力作用和竖向力作用下的计算，以下分别进行说明。

1. 计算规定

支撑结构上的主要作用力是由围护墙传来的水、土压力和坑外地表荷载所产生的侧压力，主要有以下几个方面的内容：

1）支撑承受的竖向荷载，一般只考虑结构自重荷载和支撑顶面的施工活荷载。

2）围檩与支撑采用钢筋混凝土时，构件节点宜采用整浇刚接。

3）支撑结构上的主要作用力是由围护墙传来的水、土压力和坑外地表荷载所产生的侧压力。

4）支撑与围檩体系中的主撑构件长细比不宜大于75；连系构件的长细比不宜大于120。

2. 水平力作用下的水平支撑计算方法

水平支撑系统平面内的内力和变形计算方法一般是将支撑结构从整个支护结构体系中截离出来，此时内支撑（包括围檩和支撑杆件）形成自身平衡的独立体系，该体系在土压力作用下的受力特性可采用杆系有限元进行计算分析。进行分析时，为限制整个结构的刚体位移，必须在周边的围檩上添加适当的约束，一般可考虑在结构上施加不相交于一点的三个约束链杆，形成静定约束结构，此时约束链杆不产生反力，可保证分析得到的结果与不添加约束链杆时得到的结果一致，如图9-6所示。

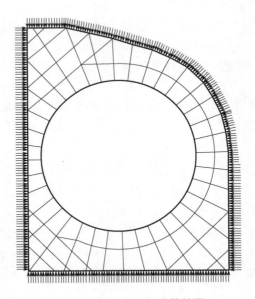

图 9-6　杆系有限元计算简图

内支撑平面模型以及约束条件确定之后，将由平面竖向弹性地基梁法（见图9-7）或平面连续介质有限元方法（见图9-8）得到弹性支座的反力，将反力作用在平面杆系结构之上，采用空间杆系有限元的方法即可求得土压力作用下的各支撑杆件的内力和位移。

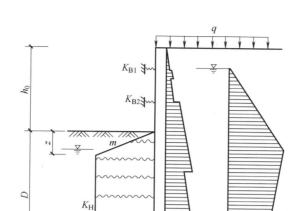

图 9-7　平面竖向弹性地基梁法计算简图

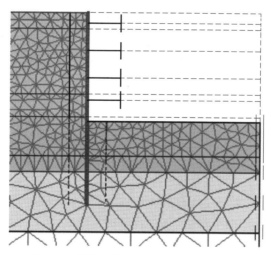

图 9-8　平面连续介质有限元法计算模型

　　采用平面竖向弹性地基梁法或平面连续介质有限元法（见图9-8）时需先确定弹性支座的刚度，对于形状比较规则的基坑，并采用十字正交对撑的内支撑体系，支撑刚度可根据支撑体系的布置和支撑构件的材质与轴向刚度等条件按如下计算公式确定。在求得弹性支座的反力之后，可将该水平力作用在平面杆系结构之上，采用有限元方法计算得到各支撑杆件的内力和变形，也可采用简化分析方法，如支撑轴向力，按围护墙沿围檩长度方向的水平反力乘以支撑中心距计算，混凝土围檩则可按多跨连续梁计算，计算跨度取相邻支撑点的中心距。钢围檩的内力和变形宜按简支梁计算，计算跨度取相邻水平支撑的中心距。内支撑的弹簧刚度系数，可按下式计算，即

$$K_{\text{B}} = \frac{2\alpha EA}{lS} \qquad\qquad (9\text{-}1)$$

式中　K_{B}——内支撑的压缩弹簧系数（kN/m^2）；

　　　　α——与支撑松弛有关的折减系数，一般取 $0.5\sim1.0$；混凝土支撑与钢支撑施加预压力时，取 $\alpha = 1.0$；

　　　　E——支撑结构材料的弹性模量（kN/m^2）；

　　　　A——支撑构件的截面面积（m^2）；

　　　　l——支撑的计算长度（m）；

　　　　S——支撑的水平间距（m）。

对于较为复杂的支撑体系，难以直接根据式（9-1）确定弹性支撑的刚度，且弹性支撑刚度会随着周边节点位置的变化而变化。这里介绍一种较为简单的处理方法，即在水平支撑的围檩上施加与围檩相垂直的单位分布荷载 $p = 1kN/m$，求得围檩上各节点的平均位移 δ（与围檩垂直的位移），则弹性支座的弹簧刚度系数为

$$K_{\text{B}i} = p/\delta \qquad\qquad (9\text{-}2)$$

需指出的是，式（9-2）反映的是水平支撑系统的一个平均支撑刚度。

3. 竖向力作用下的水平支撑计算方法

竖向力作用下，水平支撑的内力和变形可近似按单跨或多跨梁进行分析，其计算跨度取相邻立柱中心距，荷载除了其自重之外还需考虑必要的支撑顶面（如施工人员通道）的施工活荷载。此外，基坑开挖施工过程中，由于土体的大量卸载会引起基坑回弹隆起，立柱也将随之发生隆起，立柱间隆沉量存在差异时，也会对支撑产生次应力，因此在进行竖向力作用下的水平支撑计算时，应适当考虑立柱桩存在差异沉降的因素予以适当的增强。

竖向支承设计

9.2.5　竖向支承设计

基坑内部架设水平支撑的工程，一般需要设置竖向支承系统，用以承受混凝土支撑或者钢支撑杆件的自重等荷载。基坑竖向支承系统通常采用钢立柱插入立柱桩桩基的形式。

竖向支承系统是基坑实施期间的关键构件。钢立柱的具体形式是多样的，它要求承受较大的荷载，同时要求断面不应过大，因此构件必须具备足够的强度和刚度。钢立柱必须具备一个具有相应承载能力的基础。

1. 竖向支承设计要求

竖向支承钢立柱可以采用角钢格构柱、H 型钢柱或钢管混凝土立柱。

施工中必须对立柱的定位精度严格控制，并应根据立柱允许偏差按偏心受压构件验算施工偏心的影响。一般情况下钢立柱的垂直度偏差不宜大于 $1/200$，立柱长细比应不大于 25。

基坑施工阶段，应根据每一施工工况对立柱进行承载力和稳定性验算。

钢立柱的竖向承载能力主要由整体稳定性控制，若在柱身局部位置有截面削弱，必须进行竖向承载的抗压强度验算。一般截面形式的钢立柱计算，可按《钢结构设计标准》（GB 50017—2017）。

2. 立柱计算

立柱主要承受由内支撑传来的竖向荷载，主要包括内支撑自重以及作用在内支撑上的竖向施工荷载。立柱的设计一般按照轴心受压构件进行计算，同时应考虑穿越基础底板的止水要求。立柱承担的竖向荷载范围如图9-9所示。

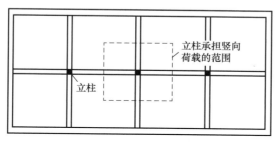

图 9-9　立柱承担的竖向荷载范围

立柱的竖向承载能力主要由整体稳定性控制，若在柱身局部位置有截面削弱，必须进行竖向承载的抗压强度验算。一般截面形式的钢立柱计算，可按《钢结构设计标准》（GB 50017—2017）等相关规范中关于轴心受力构件的有关规定进行。

1）立柱轴心受压构件的整体稳定性按下式计算，即

$$\frac{N}{\varphi A} \leqslant f \tag{9-3}$$

式中　N——构件所承受的轴心压力设计值；

φ——轴心受压构件的稳定系数（取截面两主轴稳定系数中的较小者），应根据《钢结构设计标准》中相关规定选取；

A——受压构件的毛截面面积；

f——钢材抗压强度设计值。

2）立柱分肢稳定性验算。立柱常用缀板柱，柱子的分肢是一个压弯构件。在柱中点截面上，分肢承受轴心压力为

$$N_1 = \frac{N}{2} + \frac{Nv_0}{b_0} \bigg/ \left(1 - \frac{N}{N_{cr}}\right) \tag{9-4}$$

式中　b_0——柱的两分肢轴线间距离（m）；

v_0——初弯曲（m），常取 $v_0 = 0.002l$；

N_{cr}——欧拉临界荷载（kN）。

在柱端部截面上，分肢除承受轴心压力外，还承受着由剪力引起的弯矩，其值为

$$N_1 = \frac{N}{2} \tag{9-5}$$

$$M_1 = \frac{Va}{4} = \frac{N\pi v_0 a}{4l} \bigg/ \left(1 - \frac{N}{N_{cr}}\right) \tag{9-6}$$

式中　a——对焊接结构，取缀板间净距（m）；

V——柱端部承受剪力值（kN）；

l——计算长度（m）。

欧拉临界荷载为

$$N_{cr} = \frac{\pi^2 EA}{\lambda^2 (1+\beta_1 N_E)} = \frac{\pi^2 EA}{\lambda_0^2} \tag{9-7}$$

式中　N_E——$N_E = \frac{\pi^2 EI}{l^2}$；

　　　　β_1——单位剪力时的轴线转角；

　　　　λ——构件的长细比；

　　　　λ_0——换算长细比。

《钢结构设计标准》中规定，用缀板连接的双肢柱的换算长细比为

$$\lambda_{0y} = \sqrt{\lambda_y^2 + \lambda_1^2} \tag{9-8}$$

式中　λ_y——整个构件对虚轴的长细比；

　　　　λ_1——分肢对其自身最小刚度轴的长细比，可由下式计算

$$\lambda_1 = \frac{a}{i_1} \tag{9-9}$$

式中　a——计算长度（m），焊接时，为相邻两缀板的净距离；螺栓连接时，为相邻两缀板边缘螺栓的距离；

　　　　i_1——最小刚度轴的回转半径（m）。

3）立柱分肢强度验算。立柱柱端截面既受弯矩作用，又受轴力作用，因此按压弯构件验算分肢截面强度，计算公式为

$$\frac{N_1}{A_1} + \frac{M_1}{\gamma_1 W_1} \leqslant f \tag{9-10}$$

式中　W_1——截面模量；

　　　　A_1——立柱净截面面积；

　　　　γ_1——塑性发展系数。

4）立柱插入桩长度计算。为了保证立柱的稳定性，立柱应插入混凝土桩内一定长度，立柱插入立柱桩的长度可按下式计算

$$l \geqslant K \frac{N - f_c A}{L\sigma} \tag{9-11}$$

式中　l——插入立柱桩的长度（mm）；

　　　　K——安全系数，取 2.0~2.5；

　　　　f_c——混凝土的轴心抗压强度设计值（N/mm²）；

　　　　A——钢立柱的截面面积（mm²）；

　　　　L——钢立柱截面周长（mm）；

　　　　σ——黏结设计强度（N/mm²），如无试验数据可近似取混凝土的抗拉强度设计值。

5）立柱桩计算。立柱桩必须具备较高的承载能力，同时钢立柱需要与其下部立柱桩具有可靠的连接，因此各类预制桩难以作为立柱桩基础，工程中常采用灌注桩作为钢立柱的立柱桩。立柱下端插入开挖面下的混凝土桩内，混凝土桩主要承受竖直向下的荷载，单桩竖向

承载力计算应符合《建筑桩基技术规范》（JG J94—2008）的要求。

3. 构造要求

（1）水平支撑节点构造   支撑结构，特别是钢支撑的整体刚度更依赖构件之间的合理连接构造。支撑结构的设计，除确定构件截面外，须重视节点的构造设计。

1）钢支撑的长度拼接。钢支撑构件的拼接应满足截面等强度的要求。常用的连接方式有焊接和螺栓连接，如图9-10所示。螺栓连接施工方便但整体性不如焊接，为减少节点变形，宜采用高强度螺栓。构件在基坑内的连接，由于焊接条件差，焊缝质量不易保证，通常采用螺栓连接。

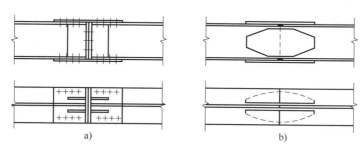

图 9-10   型钢支撑的长度拼接

a）螺栓连接   b）焊接

2）两个方向的钢支撑连接节点。纵横向支撑采用重叠连接，虽然施工安装方便，但支撑结构整体性差，应尽量避免采用。当纵横向支撑采用重叠连接时，则相应的围檩在基坑转角处不在同一平面相交，此时应在转角处的围檩端部采取加强的构造措施，以防止两个方向上围檩的端部产生悬臂受力状态。纵横向支撑应尽可能设置在同一标高上，采用定型的十字节点连接。这种连接方式整体性好，节点比较可靠。节点可以采用特制的"十"字及"井"字接头，纵横管都与"十"字或"井"字接头连接，使纵横钢管处于同一平面内。后者可以使钢管形成一个平面框架，刚度大，受力性能好。"十"字接头如图9-11所示，"井"字接头如图9-12所示。

图 9-11   "十"字接头

图 9-12   "井"字接头

3）钢支撑端部预应力活络头构造。钢支撑的端部，考虑预应力施加的需要，一般均设置为活络端，待预应力施加完毕后固定活络端，且一般配琵琶撑。除了活络端设置在钢支撑端部外，还可以采用螺旋千斤顶等设备设置在支撑的中部。由于支撑加工及生产厂家不同，目前投入基坑工程使用的活络端有两种形式：楔型活络端和箱体活络端，如图 9-13 和图 9-14 所示。

图 9-13　楔型活络端

图 9-14　箱体活络端

4）钢支撑与钢腰梁斜交处抗剪连接节点。由于围护墙表面通常不十分平整，尤其是钻孔灌注桩墙体，为使钢围檩与围护墙结合得紧密，防止钢围檩截面产生扭曲，在钢围檩与围护墙之间采用细石混凝土填实，如两者之间缝宽较大，为了防止所填充的混凝土脱落，缝内宜放置钢筋网。当支撑与围檩斜交时，为传递沿围檩方向的水平分力，在围檩与围护墙之间需设置剪力传递装置，如图 9-15 所示。对于地下连续墙可通过预埋钢板，对于钻孔灌注桩可通过钢围檩的抗剪焊接件。

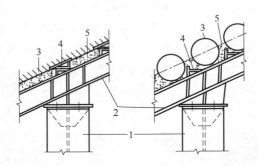

图 9-15　钢支撑与钢腰梁斜交时连接

1—钢支撑　2—钢腰梁　3—围护墙　4—剪力块　5—填嵌混凝土

5）支撑与混凝土腰梁斜交处抗剪连接节点。通常情况下，围护墙与混凝土围檩之间的结合面不考虑传递水平剪力。当基坑形状比较复杂，支撑采用斜交布置时，特别是当支撑采用大角撑的布置形式时，由于角撑的数量多，沿着围檩长度方向需传递较大的水平力，此时围护墙与围檩之间应设置抗剪件和剪力槽，以确保围檩与围护墙能形成整体连接，两者结合面能承受剪力，从而围护墙也能参与承受部分水平力，既可改善围檩的受力状态、又可减少整体支撑体系的变形。围护墙与围檩结合面的墙体上设置的抗剪件一般可采用预埋插筋或者预埋件，开挖后焊接抗剪件，预留的剪力槽可间隔抗剪件布置，其高度一般与围檩截面相同，间距为 150～200mm，槽深为 50～70mm，如图 9-16 所示。

（2）竖向支承系统的连接构造　竖向支承系统钢立柱与临时支撑节点的设计，应确保节点在基坑施工阶段能够可靠地传递支撑的自重和各种施工荷载。这里对工程实践中各种成熟的竖向支承系统与支撑的连接构造进行介绍。

1）角钢格构柱与支撑的连接构造。角钢格构柱与支撑的连接节点，施工期间主要承受临时支撑竖向荷载引起的剪力，设计一般根据剪力的大小计算确定后在节点位置钢立柱上设置足够数量的抗剪钢筋或抗剪栓钉。图9-17所示为设置抗剪钢筋与临时支撑连接的节点示意图。

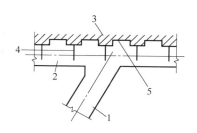

图 9-16　地下连续墙预留剪力槽和
插筋与围檩连接示意图

1—支撑　2—腰梁　3—地下连续墙
4—预留受剪钢筋　5—预留剪力槽

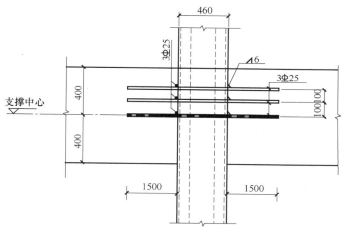

图 9-17　设置抗剪钢筋与临时支撑的连接节点

在直接作用施工车辆等较大超载的施工栈桥区域，需要在栈桥梁下钢立柱上设置钢牛腿或者在梁内钢牛腿上焊接抗剪能力较强的槽钢等构件。图9-18所示为角钢格构柱设置钢牛腿作为抗剪件的示意图，图9-19所示为角钢格构柱设置钢牛腿作为抗剪件的实景图。

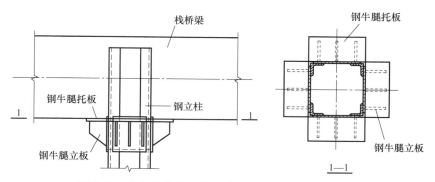

图 9-18　角钢格构柱设置钢牛腿作为抗剪件的示意图

2）钢立柱在底板位置的止水构造。由于钢立柱需在水平支撑全部拆除之后方可割除，水平支撑则随着地下结构由下往上逐层施工而逐层拆除，因此钢立柱需穿越基础底板，钢立柱穿越基础底板范围将成为地下水往上渗流的通道，为防止地下水上渗，钢立柱在底板位置应设置止水构件，通常采用在钢立柱构件周边加焊止水钢板的方式。对于角钢拼接格构柱，止水构造通常是在每根角钢的周边设置两块止水钢板，通过延长渗水途径起到止水的目的，如图9-20所示。对于钢管混凝土立柱，则需要在钢管位于底板的适当标高位置设置封闭的环形钢板，作为止水构件。

图9-19　角钢格构柱设置钢牛腿
作为抗剪件的实景图

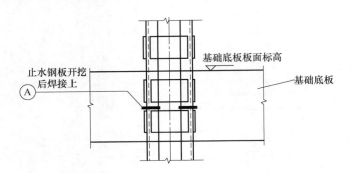

图9-20　角钢拼接格构柱止水构造

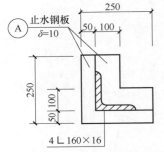

图9-21　缀板柱截面

【例9-1】　某轴心受压格构式双肢缀板柱2［28b，截面如图9-21所示，缀板间净距$l_{01} = 650mm$，柱肢采用热轧槽钢，翼缘趾尖向内。钢材为Q235B，构件长6m，两端铰支，计算长度$l_{0x} = l_{0y} = 6m$。立柱承担竖向荷载范围内轴心压力设计值$N = 1600kN$，请验算该立柱的整体稳定性是否满足要求。

解：查《热轧型钢》（GB/T 706—2016）中表A.2得2［28b的截面特征为面积$A = 9126mm^2$，$i_y = 106mm$，$y_0 = 20.2mm$，分肢弱轴的回转半径$i_1 = 23mm$。钢材强度$f = 215N/mm^2$。

$\lambda_y = l_{0y}/i_y = 6000/106 = 56.6$，查稳定系数表得$\varphi_y = 0.825$。

$$i_x = \sqrt{i_1^2 + \left(\frac{b}{2} - y_0\right)^2} = \left[\sqrt{23^2 + \left(\frac{280}{2} - 20.2\right)^2}\right] mm = 122mm$$

$\lambda_x = l_{0x}/i_x = 6000/122 = 49.2$

$\lambda_1 = l_{01}/i_1 = 650/23 = 28.3$

$$\lambda_{0x} = \sqrt{\lambda_x^2 + \lambda_1^2} = \sqrt{49.2^2 + 28.3^2} = 56.8$$

查稳定系数表得 $\varphi_x = 0.824$。

$$\frac{N}{\varphi_x A} = \frac{1600 \times 10^3}{0.824 \times 9126} \text{N/mm}^2 = 212.8 \text{N/mm}^2 < f = 215 \text{N/mm}^2$$

该立柱的整体稳定性满足要求。

■ 9.3　支撑的施工要点

无论何种支撑，其总体施工原则都是相同的，土方开挖的顺序、方法必须与设计工况一致，并遵循"先撑后挖、限时支撑、分层开挖、严禁超挖"的原则进行施工，尽量减小基坑无支撑暴露时间和空间。

同时应根据基坑工程等级、支撑形式、场内条件等因素，确定基坑开挖的分区及其顺序。宜先开挖周边环境要求较低的一侧土方，并及时设置支撑。环境要求较高一侧的土方开挖，宜采用抽条对称开挖、限时完成支撑或垫层的方式。

基坑开挖应按支护结构设计、降排水要求等确定开挖方案，开挖过程中应分段、分层、随挖随撑、按规定时限完成支撑的施工，做好基坑排水，减少基坑暴露时间。基坑开挖过程中，应采取措施防止碰撞支护结构、工程桩或扰动原状土。支撑的拆除过程，必须遵循"先换撑、后拆除"的原则进行施工。

9.3.1　钢筋混凝土支撑

1. 施工测量

施工测量的工作主要有平面坐标系内轴线控制网的布设和场区高程控制网的布设。

2. 钢筋工程

钢筋工程的重点是粗钢筋的定位和连接以及钢筋的下料、绑扎，确保钢筋工程质量满足相关规范要求。

钢筋混凝土支撑
施工—模板工程

9.3.2　钢支撑

钢支撑架设和拆除速度快、架设完毕后不需等待强度即可直接开挖下层土方，而且支撑材料可重复循环使用的特点，对节省基坑工程造价和加快工期具有显著优势，适用于开挖深度一般、平面形状规则、狭长形的基坑工程中。但与钢筋混凝土支撑相比，变形较大，比较敏

钢支撑施工

感，且由于圆钢管和型钢的承载能力不如钢筋混凝土支撑的承载能力大，因而支撑水平方向的间距不能很大，相对来说机械挖土不太方便。在大城市建筑物密集地区开挖深基坑，支护结构多以变形控制，在减少变形方面钢支撑不如钢筋混凝土支撑，如能根据变形发展，分阶段多次施加预应力，也能控制变形量。

钢支撑的施工根据流程安排一般可分为测量定位、钢支撑的吊装、施加预应力以及支撑的拆除等施工步骤。

1．测量定位

钢支撑施工之前应做好测量定位工作，测量定位工作基本上与钢筋混凝土支撑的施工相一致，包含平面坐标系内轴线控制网的布设和场区高程控制网的布设两个大方面的工作。

2．钢支撑的吊装

第一层钢支撑施工时，空间上无遮拦，如支撑长度一般时，可将某一方向（纵向或者横向）的支撑在基坑外按设计长度拼接形成整体，然后 1～2 台起重机采用多点起吊的方式将支撑吊运至设计位置和标高，进行某一方向的整体安装，但另一方面的支撑需根据支撑的跨度进行分节吊装，分节吊装至设计位置之后，再采用螺栓连接或者焊接连接等方式与先行安装好的另一方向的支撑连接成整体。

第二层及以下层钢支撑在施工时，由于已经形成第一道支撑系统，已无条件将某一方向的支撑在基坑外拼接成整体之后再吊装至设计位置。因此当钢支撑长度较长，需采用多节钢支撑拼接时，应按"先中间后两头"的原则进行吊装，并尽快将各节支撑连起来，法兰盘的螺栓必须拧紧，快速形成支撑。长度较小的斜撑在就位前，钢支撑先在地面预拼装到设计长度，再进行吊装。

3．施加预应力

钢支撑安放到位后，起重机将液压千斤顶放入活络端顶压位置，接通油管后开泵，按设计要求逐级施加预应力。预应力施加到位后，再固定活络端，并烧焊牢固，防止支撑预应力损失后钢锲块掉落伤人。预应力施加应在每根支撑安装完以后立即进行。支撑施加预应力时，由于支撑长度较长，有的支撑施加预应力很大，安装的误差难以保证支撑完全平直，所以施加预应力的时候为了确保支撑的安全性，预应力分阶段施加。支撑上的法兰螺栓全部要求拧到拧不动为止。

4．钢支撑施工质量控制

钢支撑施工质量控制遵循以下几点：

1）钢立柱开挖出来后，用水准仪根据设计标高焊接托架。

2）基坑周围堆载控制在 20kPa 以下。

3）做好技术复核及隐蔽验收工作，未经质量验收合格，不得进行下一道工序施工。

4）电焊工均持证上岗，确保焊缝质量达到设计及国家有关规范要求，焊缝质量由专人检查。

5）法兰盘在连接前要进行整形，不得使用变形法兰盘，螺栓连接控制紧固力矩，严禁接头松动。

6）每天派专人对支撑进行 1～2 次检查，以防支撑松动。

7）钢支撑工程质量检验标准为：支撑位置标高允许偏差为 30mm，平面允许偏差为 100mm；预加应力允许偏差为 ±50kN；立柱位置标高允许偏差为 30mm，平面允许偏差为 50mm。

5．支撑的拆除

按照设计的施工流程拆除基坑内的钢支撑，支撑拆除前，应先解除预应力。

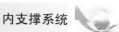

9.3.3　立柱的施工

内支撑体系的钢立柱目前用得最多的形式为角钢格构柱，即每根柱由4根等边角钢组成柱的4个主肢，4个主肢间用缀板进行连接，共同构成钢格构柱。

角钢格构柱一般均在工厂进行制作，首先将工厂里制作好运至现场的分段钢立柱在地面拼接成整体，然后根据单根钢立柱的长度吊装至安装孔口上方，固定后进行立柱桩混凝土的浇注施工。

角钢格构柱垂直度至关重要，将直接影响钢立柱的竖向承载力。角钢格构柱垂直度的控制首先应特别注意提高立柱桩的施工精度，立柱桩根据不同的种类，需要采用专门的定位措施或定位器械，其次钢立柱的施工必须采用专门的定位调垂设备对其进行定位和调垂。钢立柱的调垂方法基本分为气囊法、导向套筒法和机械调垂架法三大类。

（1）气囊法　角钢格构柱一般可采用气囊法进行纠正，在格构柱上端 x 和 y 方向上分别安装一个传感器，并在下端四边外侧各安放一个气囊，气囊随格构柱一起下放到地面以下，并固定于受力较好的土层中。每个气囊通过进气管与计算机控制室相连，传感器的终端同样与计算机相连，形成监测和调垂全过程的智能化施工监控体系。系统运行时，首先由垂直传感器将格构柱的偏斜信息输送给计算机，由计算机程序进行分析，然后打开倾斜方向的气囊进行充气并推动格构柱下部向其垂直方向运动，当格构柱进入规定的垂直度范围后，即指令关闭气阀停止充气，同时停止推动格构柱。格构柱两个方向上的垂直度调整可同时进行控制。待混凝土浇注至距离气囊下方1m左右时，即可拆除气囊，并继续浇注混凝土至设计标高。图9-22所示为气囊法平面布置图。

（2）导向套筒法　导向套筒法是把校正支撑柱转化为导向套筒。导向套筒的调垂可采用气囊法和机械调垂架法。待导向套筒调垂结束并固定后，从导向套筒中间插入支撑柱，导向套筒内设置滑轮以利于支撑柱的插入，然后浇注立柱桩混凝土，直至混凝土能固定支撑柱后拔出导向套筒。

（3）机械调垂架法　机械调垂架法是几种调垂方法中最经济实用的，因此大量应用于内支撑体系中的钢立柱施工中，当钢立柱沉放至设计标高后，在钻孔灌注桩孔口位置设置H型钢支架，在支架的每个面设

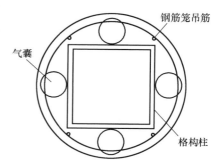

图9-22　气囊法平面布置图

置两套调节丝杆，一套用于调节角钢格构柱的垂直度，另一套用于调节角钢格构柱轴线位置，同时对角钢格构柱进行固定。

机械调垂架法的具体操作流程为：角钢格构柱吊装就位后，将斜向调节丝杆和钢立柱连接，调整角钢格构柱安装标高在误差范围内，然后调整支架上的水平调节丝杆，调整钢柱轴线位置，使角钢格构柱四个面的轴向中心线对准地面（或支撑架H型钢上表面）测放好的柱轴线，使其符合设计及规范要求，将水平调节丝杆拧紧。调整斜向调节丝杆，用经纬仪测量钢立柱的垂直度，使钢立柱柱顶4个面的中心线对准地面测放出的柱轴线，控制其垂直度偏差在设计要求范围内。

习　　题

1. 支撑体系包括哪几种？
2. 混凝土支撑的施工流程包括哪些？
3. 钢支撑的施工流程包括哪些？
4. 钢支撑预应力设计怎么控制？
5. 立柱插入立柱桩的深度如何计算？
6. 立柱桩的构造要求有哪些？
7. 立柱调垂的方法有哪些？

第10章 基坑土体加固

　　基坑土体加固是指通过对软弱地基掺入一定量的固化剂或使土体固结，以提高地基土力学性能的处理方法。地基土加固是针对区域性的场地，地基土处理或加固的方法较多，包括密实法、置换法、复合地基法、加筋法、灌浆法等。密实法包括排水固结法、碾压法、动力夯实法，其中排水固结法又包括预压法和降水法。置换法包括粗粒和细粒垫层法。复合地基法包括碎石桩法、砂桩法、灰土桩法、水泥土桩法。其中水泥土桩法包括深层搅拌和旋喷桩等工法。每一种地基加固方法都有其适用范围和局限性，不存在任何条件下都是最合理的处理方法。

　　场地的地基土加固通常分为两种类型：结构物地基加固和施工期间地基加固。前者属于永久性加固，后者是施工期间的临时性加固措施。本章主要是针对基坑开挖工程中的临时性地基处理，称为基坑土体加固。处理的对象指软弱地基土，包括由淤泥质土、人工填土或其他高压缩性土层构成的软弱地基。主要是为提高地基土的强度和降低其压缩性，确保施工期间基坑本身的安全和基坑周边环境安全而对基坑相应的土体进行加固。基坑开挖时围护结构的受力及变形情况与其插入深度、土的力学性能、地下水状况、施工工况、开挖方式及周围环境等因素有关。随着坑内土的不断挖深，土的受力状况发生变化，作为挡土结构两侧的水、土压力处于动态变化中，挡土墙后的土体随墙体的变化向基坑方向移动，此外，在开挖时由于采用内降水，使坑外水位发生变化，也会使土体产生位移，影响周围构筑物的安全。为了掌握施工和使用过程中围护结构的受力及变化情况，使围护结构在基坑开挖和使用过程中，安全地起到挡土、挡水作用，保证在施工过程中工程和周围环境的安全，必须采取相应的工程措施，其中对基坑土体进行预加固是一种行之有效的技术措施。

■ 10.1　加固材料及特征

　　基坑土体加固一般是指采用搅拌桩、高压旋喷桩、注浆、降水或其他方法对软弱地基掺入一定量的固化剂或使土体固结，以提高地基土的力学性能。其中搅拌桩、高压旋喷桩两种加固方法均是将原状土作为加固原材料与固化剂（一般为水泥或生石灰）通过特定的工艺使其混合发生化学反应，生成水化物和坚固的土团颗粒，再经过凝硬和碳酸化作用，使加固的土体具有整体性、水稳定性和一定强度。

　　1）水泥加固土的物理力学特性和无侧限抗压强度与天然地基的土质、含水量、有机质含量等因素以及所采用固化剂的品种、水泥掺入比、外掺剂等因素有关，也与搅拌方法、搅拌时间、龄期、操作质量等因素有关。总体上讲，水泥掺入比越大，养护时间越长，则水泥土强度越高。对淤泥质土的加固，当 32.5 级普通硅酸盐水泥的掺入比为 15%，养护期不低于 28d 时，水泥土的无侧限抗压强度可取 0.7MPa，抗剪强度可取 0.21MPa，压缩模量可取 70MPa。

对于不同加固类型的水泥掺入比有不同的要求，双（单）轴水泥土搅拌桩的水泥掺入比不宜小于 12%，通常可取 15%，水泥土加固体的 28d 龄期无侧限抗压强度不宜低于 0.6MPa。三轴水泥土搅拌桩的水泥掺入比不宜小于 20%，通常可取 25%，水泥土加固体的 28d 龄期无侧限抗压强度不宜低于 0.8MPa。

2）石灰加固土的物理力学特性与水泥土有相似之处，也有一些截然不同之处。石灰一般以粉体与土搅拌，不给土附加新的水分。因此，加固后的土体含水量可降低 7%～15%，重度可提高 2%～4%。软土经石灰加固后，其液限稍有减小，但其塑限随着石灰掺入比增大而增大。石灰土桩的现场桩体芯样强度与室内试块强度的比值一般为 0.65～0.75。而且由于现场桩体强度的离散性大，桩沿其深度的强度往往难以做到均匀一致。

3）由于水泥和石灰两种材料的化学性质很稳定，故水泥土或石灰土强度具有长期稳定性。

10.2 基坑土体加固的方法与适用性

基坑土体加固的方法包括注浆法（各种注浆工艺、双液速凝注浆等）、双轴水泥土搅拌桩法、三轴水泥土搅拌桩（SMW）法、高压旋喷桩法、降水法等加固方式。基坑土体加固方法及适用性可参见表 10-1。

表 10-1　各种土体加固方法的适用范围

加固方法	对各类地基土的适用情况			
	地基土性			
	人工填土	淤泥质土、黏性土	粉性土	砂性土
注浆法	※	※	O	O
双轴水泥土搅拌桩法	※	O	O	※
三轴水泥土搅拌桩法	※	O	O	O
高压旋喷桩法	O	O	O	O
降水法	—	※	O	O

注：※表示慎用，O 表示可用。

表中地基加固的各施工工法可详见相关专业规程或规范。表中人工填土包括杂填土、浜填土、素填土和冲填土等。其中素填土是由碎石、砂土、粉土、黏性土组成的填土，其中含少量杂质；冲填土则是由水力冲填泥砂形成的填土；杂填土则是由建筑垃圾、工业废料、生活垃圾等杂物组成的填土，土性不均匀，且常含有机质，会影响加固的效果和质量，故应慎重对待。

在如上海、广州、天津等沿海城市地区的软弱土层中，建筑深基坑在开挖时使周围土层产生一定的变形，而这些变形又有可能对周围环境产生不利影响和危害。为避免坑内软弱土体的破坏，采用压浆、旋喷注浆、搅拌桩或其他方法对地基掺入一定量的固化剂或使土体固结，能有效提高土体的抗压强度和土体的侧向抗力，减少土体压缩和地基变形及围护墙向坑内的位移，减少基坑开挖对环境的不利影响，并使基坑围护结构或邻近结构及环境不致发生超过允许的沉降或位移。

10.2.1 注浆法

注浆包括分层注浆法、埋管法、低坍落度砂浆法、柱状布袋注浆法等。注浆可提高地基土的承载力，增加围护墙内侧土体的被动土压力，但对提高土体抗侧向的变形能力不明显。一般在计算时不考虑提高加固区土的抗剪强度指标和土的侧向比例系数。在基坑较浅或环境较好的砂性或粉性土基坑内可采用注浆进行地基加固处理。

对基坑土体采用注浆加固时，一般可应用的范围包括：

1）注浆可用于坑底范围的土体加固，一般用于环境保护要求不高的基坑工程。

2）在分段开挖的长而大的基坑中，如果坑内土体的纵向抗滑移稳定性不足，可对斜坡土体进行加固。

3）当围护墙是地下连续墙或灌注桩时，如果需要减少围护墙的垂直沉降或提高围护墙的垂直承载的能力，可用埋管注浆法对围护墙底部进行注浆加固。

4）在围护墙外侧进行注浆加固，或用于周边环境保护的跟踪注浆以减少围护墙的侧向土压力及控制基坑周围构筑物的变形。

由于注浆工艺的局限性，注浆加固体的离散性大，均匀性和强度保证的可靠性相对较差，施工过程的质量控制和检验存在不确定性，其效果有时达不到设计对土体加固的强度要求。对开挖较深的基坑采用注浆加固工艺时应综合评估其加固施工有效性。

一般注浆加固所需注浆量采用下式进行计算，即

$$Q_w = \pi r^2 h \lambda \tag{10-1}$$

式中　r——扩散半径；

　　　h——注浆深度；

　　　λ——$\lambda = n\alpha(1+\beta)$；

　　　n——地层孔隙率；

　　　α——地层填充系数；

　　　β——浆液消耗系数。

【例10-1】 某工程土层性质见表10-2。

表10-2　土层性质

序号	土层	厚度/m	N值	孔隙率n（%）	$\alpha(1+\beta)$（%）	$\lambda = n\alpha(1+\beta)$（%）
①	黏性土	2.5	4~8	50~60	20~30	10~18
②	中等密实砂质土	14	10~30	40	50~65	15~20

采用渗透注浆法对基坑土体进行加固，注浆管长度为13m，浆液扩散半径为1.0m，注浆量计算公式见式（10-1）。请估算渗透注浆法对该基坑土体进行加固时，需要注入的浆液

量是多少？

解：浆液扩散半径为 $r = 1.0m$，第①层土注浆深度为 $h_1 = 2.5m$，λ_1 取中间值 14%，第②层土注浆深度 $h_2 = 13m - 2.5m = 10.5m$，λ_2 取中间值 17.5%。

第①层土的注浆量：

$$Q_1 = \pi r^2 h_1 \lambda_1 = (3.14 \times 1.0^2 \times 2.5 \times 14\%) m^3 = 1.1 m^3$$

第②层土的注浆量：

$$Q_2 = \pi r^2 h_2 \lambda_2 = (3.14 \times 1.0^2 \times 10.5 \times 17.5\%) m^3 = 5.8 m^3$$

所需的总浆液量：

$$Q = Q_1 + Q_2 = (1.1 + 5.8) m^3 = 6.9 m^3$$

10.2.2　搅拌桩加固法

搅拌桩是利用钻机搅拌土体把固化剂注入土体中，并使土体与浆液混合，浆液凝固后，便在土层中形成一个圆柱状固结体。搅拌桩加固可提高地基土的承载力，增加围护墙内侧土体的被动土压力，减少土体的压缩变形和围护墙的水平位移，增加基坑底部抗隆起稳定性和开挖边坡的稳定性。

对基坑土体采用搅拌桩加固时，一般可应用的范围包括：

1）搅拌桩加固可用于基坑被动区的土体加固，对于特定的基坑工程，可根据周围环境对围护墙外侧最大地层沉降（Δ_{max}）的限制，确定基坑底部的允许抗隆起安全系数。

2）在分段开挖的长而大的基坑中，如果坑内土体的纵向抗滑移稳定性不足，可对斜坡坡底的土体进行适当加固，可采用条分法对加固后的纵向抗滑移稳定性进行计算。

3）在围护墙外侧进行搅拌加固，以减少围护墙的侧向土压力、防止围护墙接缝漏水和堵漏及控制基坑周围构筑物的变形。

4）搅拌桩的加固深度。加固土体的搅拌机一般有单轴、双轴和三轴，相应的水泥土搅拌桩也包括单（双）轴水泥土搅拌桩、三轴水泥土搅拌桩，标准搅拌直径为 650 ~ 1200mm。搅拌桩的加固深度取决于施工机械的钻架高度、电动机功率等技术参数及土体参数。双（单）轴水泥土搅拌机的土体加固技术的搅拌深度只能达到 18m，超出此深度时一般施工质量和加固效果难以保证，故国内的双轴或单轴水泥土搅拌桩的加固深度一般控制在 18m 左右。三轴水泥土搅拌机的转轴刚度和搅拌机功率相比较优于双轴，相应的三轴水泥土搅拌桩的加固深度一般可达到 30m，少量进口的三轴设备的搅拌深度可达到 50m 以上，目前也有加固深度达到 60m 以上的试验示范。

10.2.3　高压喷射注浆法

高压喷射注浆（又称为高压旋喷）对土体进行改良，土体经过高压喷射注浆后，由原来的松散状变成圆柱形、板壁形和扇形固结体，并且有良好的强度、抗渗性和耐久性。根据国内外的实践，高压喷射注浆可提高加固土体的抗剪强度和地基承载力，降低土体压缩性，增加围护墙内侧土体的被动土压力，减少土体的压缩变形和围护墙的水平位移，增加基坑底部抗隆起稳定性和开挖边坡的稳定性。旋喷搅拌具有提高土体抗侧向的变形能力，一般在计算时可适当考虑提高加固区土体的抗剪强度指标和土的侧向比例系数。

对基坑土体采用高压喷射注浆加固时，一般可应用的范围包括：

1）高压喷射注浆加固可用于基坑被动区的土体加固，可根据周围环境对围护墙外侧最大地层沉降（Δ_{max}）的限制，确定出基坑底部的允许抗隆起安全系数。

2）对基坑开挖的边坡的土体进行适当加固，可提高边坡的稳定性。

3）在围护墙外侧进行高压旋喷桩加固，以减少围护墙的侧向土压力、防止围护墙接缝漏水和堵漏及控制基坑周围构筑物的变形。

4）高压喷射注浆的加固深度。高压喷射注浆因钻进深度较深，在软土地区的常规基坑工程中均可施工，故不做深度限制，但高压喷射注浆形成的旋喷桩桩径的离散性大，与搅拌桩桩径相比较，有一定的变化范围。

5）采用纯水泥浆液进行高压喷射注浆，当地下水流速较大用纯水泥浆注浆后有冲失的可能或工程有速凝早强需要时，在普通水泥中添加适量的速凝早强剂。

一般来说，下列土质的高压喷射注浆加固效果较佳：砂性土 $N<15$；黏性土 $N<10$；素填土，不含或含少量砾石。对于坚硬土层、软岩以上的砂质土以及 $N>10$ 的黏性土、人工填土层等土质条件则需要慎重考虑。对于含有卵石的砂砾层，因浆液喷射不到卵石后侧，故常需通过现场试验确定。

旋喷桩的平面布置需根据加固的目的给予具体考虑。为了提高基坑土体的稳定和减少围护墙的变形，其平面布置一般采用格栅形布置。

10.2.4　土体水平加固技术

以往地基加固，受限于施工工艺和施工设备能力，仅对地基进行竖向处理，近年来，随着国家经济和技术的发展，一种水平或斜向地基处理技术也已经在工程中大量运用，并已经形成《加筋水泥土桩锚技术规程》（CECS 147：2016）。该工艺具有向土体中实现多方向加固的特点，通过对坑外土体侧向加固实现基坑稳定，是旋喷桩和搅拌桩土体加固技术的发展，优于现行常规的单向加固技术。该加固工艺利用专用螺旋钻机在土体中成孔，在成孔的同时通过螺旋钻机向土体喷射水泥砂浆液，浆液同砂土混合成水泥土，退出螺旋钻杆时（也可插入钢筋等筋材）在施工区域形成水泥土凝固体。该工艺对土体的加固具有主动的特点，可用于堤坝、基坑围护、边坡、隧道等软弱土层的加固。

该技术已用于多地的建筑基坑工程，最大加固深度达到 10m 以上，取得了一些成功经验。该工法采用侧向加固时是在开挖过程中实现的，故需要考虑严密的动态施工管理措施，并加强监测与试验，以确保工程施工和环境处于安全可控的范围内。此外，由于城市规划红线的限制，该工法在城市建筑基坑中应用时，尚需考虑筋材的回收，以避免对城市地下空间的不利影响。

10.2.5　坑内降水预固结地基法

上海软土层因地下水位高且有砂质粉土或夹薄层粉砂，挖深时容易发生流砂现象。自20世纪50年代以来，一直对降水技术进行试验和实践，取得了很大成效。目前的降水技术包括轻型井点、喷射井点、电渗技术、深井降水等技术，已广泛应用于上海的淤泥质粉质黏土或黏土夹薄层粉砂的软土地层，也应用于粉砂、细砂和砂质粉土等地层。排水固结法施工

设备简单，费用低，对环境无污染。

在基坑内外进行地基加固以提高土体的强度和刚性，对治理基坑周围地层位移问题的作用，无疑是有效的，但加固地基需要一定代价和施工条件。基于工程经验，在密实的砂（粉）土采用降水的方法加固被动区的土体是经济合理、行之有效的方法。港口陆域或工业建筑的堆场一般通过降水和真空预压的方法加固场地地基土的强度。实践表明，通过降低地下水位，可以排除土体中的自由水和部分孔隙水，孔隙水压力逐渐消散，有效应力增加，土体的抗剪强度随着有效应力的增加而提高，达到加固坑内土体的目的，同时也可减少开挖过程坑内土体的回弹，对环境保护有利。

场地的地质条件，决定降水或排水的形式。如果地下水位以下的土层为均匀的、较厚的、自由排水的砂性土，则用普通井点系统或单井、群井均可有效地降水；若为成层土或黏质砂土，则须采用滤网并适当缩短井点间距，一般还要采用井外的砂粒倒滤层。若基坑底下有一薄层黏土，且下为砂层，则须考虑采用喷射井点或深井打入该砂层，用以减除下层的水压力，以免基底隆起或破坏。

■ 10.3 地基加固设计

当基坑支护工程设计及施工中存在以下情况时，应采取适当的地基处理措施：

1）基坑地基不能满足基坑侧壁的稳定要求。

2）对周围环境的预计影响程度超出有关标准。

3）现有地基条件不能满足开挖、放坡、底板施工等正常施工要求。

4）基坑开挖过程中暴露出的质量问题，严重影响基坑施工及基坑安全。

对于有管涌和水土流失风险之处则更须预先进行可靠的预防性地基处理。必须加固的位置和范围要选在可能引起突发性灾害事故的地质或环境条件之处，包括但不限于以下情况：

1）液性指数大于1.0的触变性及流变性较大的黏土层，基坑开挖较深，墙前土体有可能发生过大的塑性破坏。

2）地下水丰富的松散砂性土或粉砂土层。

3）坑边设备重载区、坑外有较大的超载、坑外有局部的松土或空洞。

4）基坑附近有重要的保护建筑或对沉降较敏感的建筑。

5）坑周边有较大的边坡或较大的水位差。

6）坑内局部加深区域的加固。

基坑土体对基坑和环境的影响是一个综合因素，与基坑结构形式、基坑规模与开挖深度、基坑环境保护要求、施工技术水平等有关，故基坑土体加固设计也应综合考虑上述因素的影响。基坑变形及对环境的影响程度与土性和环境状况有关，基坑土层条件和环境变化较大，即使单一基坑的周围环境往往也有较大区别，故坑内被动区域的土体加固设计应区别对待，以达到加固设计合理、工程投资经济、环境安全的效果。

10.3.1 基坑加固体的平面布置

1）基坑土体加固桩位排列布置形式包括满膛式、墙肋式、格栅式等，如图10-1所示。

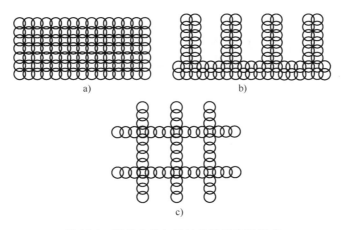

图 10-1　基坑土体加固桩位排列布置形式

a）桩位满膛式布置　b）桩位墙肋式布置　c）桩位格栅式布置

桩位满膛式布置的地基加固成本较大，一般仅应用于基坑外侧环境保护要求较高的与基坑对应的被动区域或基坑面积较小的区域。

2）基坑土体加固的平面布置包括加固体宽度、顺围护边线方向的长度和间距、平面加固孔位布置原则、土体置换率要求等。基坑土体加固的平面布置原则上同水泥土重力坝的布置。土体加固平面布置形式包括满膛式、格栅式、裙边式、抽条式、墩式、墙肋式等，如图 10-2 所示。

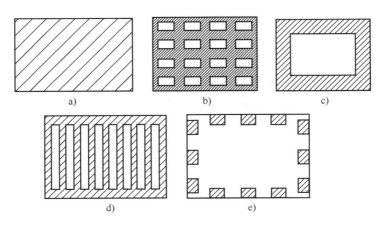

图 10-2　基坑土体加固平面布置形式

a）土体加固满膛式布置　b）土体加固格栅式布置　c）土体加固裙边式布置

d）土体加固抽条式布置　e）土体加固墩式布置

上述土体加固满膛式布置、格栅式布置、抽条式布置一般用于基坑较窄且环境保护要求较高的基坑土体加固中。土体加固裙边式布置一般用于基坑较宽且环境保护要求较高的基坑土体加固中。土体加固墩式布置一般用于基坑较宽且环境保护要求一般的基坑土体加固中。

10.3.2 基坑土体加固的竖向布置

基坑土体加固的竖向布置形式包括坑底平板式、回掺式、分层式、阶梯式等，如图10-3所示。

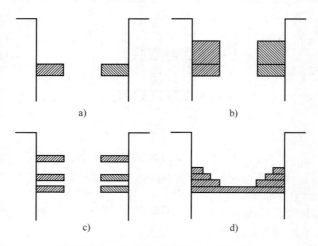

图 10-3　基坑土体加固的竖向布置形式

a）平板式加固断面　b）回掺式加固断面　c）分层式加固断面　d）阶梯式加固断面

■ 10.4　地基加固的施工与质量检测

10.4.1　地基加固的施工

地基加固施工时应对选定方案在有代表性的地段上进行现场试验，以确定处理效果，获取技术参数。地基土加固施工前，应根据设计要求、现场条件、材料供应、工期要求等，编制施工组织设计。

地基采取加固处理属于地下隐蔽工程，施工质量的控制十分重要。虽在施工时不能直接观察到地基加固的质量，但可通过施工过程中的工序操作、工艺参数和浆液浓度等因素的实际执行情况和土层的各种反应控制加固施工质量。对所有的基坑进行土体加固试验，或现场原位试验是不现实的。故在基坑施工过程中加强施工管理和质量控制显得极为重要。

1. 加固体施工要点

地基加固施工应根据工程地质、环境、基坑结构等条件编制基坑土体加固施工组织设计，应包括以下内容，但不限于此：

1）土体加固概况。

2）基坑土体加固的选用材料配合比及强度，加固范围和布置。

3）土体加固处理施工方法的工艺及质量控制措施。

4）采用的机械、设备及各种计量仪表。

5）施工中必要的监测及加固效果的检验。

6）进度计划。

7）主要施工操作记录表。

2. 施工质量控制措施及要点

坑内土体加固是地基处理的一部分，施工技术要求对土体加固采取以下质量控制措施：

1）基坑规模大或坑边有重要保护的建（构）筑物时，加固效果不好时会对工程或周边环境产生较坏影响甚至导致重大损失，为此，一般要求进行加固工艺的适宜性试验。通过地基工艺性试桩，掌握对该场地的成桩经验及各种操作技术参数。施工前必须进行水泥土的室内抗压强度试验，以选择合适的外掺剂和提供各种配合比的强度参数。

2）根据施工机械性能制定周密的施工方案，加固体的施工设备的性能和功能应完好，严禁没有水泥用量计量装置的设备投入使用。

3）对施工质量实施监控技术，对在施工过程中的水泥掺入量、水泥泵喷浆均匀程度直接进行实时监控，利用微机系统处理，直接显示各个加固段的水泥用量与加固体深度关系。并可与加固体水泥用量设计值进行比较。确保水泥掺和的均匀度和水泥加固体的均匀性。

4）加固施工过程中，因加固工艺的局限性，在某些土层条件下会产生漏浆和冒浆现象，使掺入的水泥浆没有有效地留置在需要加固的区域。在密集的加固区域，由于水泥浆压力或机械搅拌，会产生过大挤土现象，从而对环境产生不利影响。为此，施工过程中除工程自身进行施工操作记录外，尚需进行环境监控，避免加固过程对环境造成不利影响。

5）采用降水方案时应特别加强止水帷幕的施工质量管理，并进行止水帷幕的质量检测，如发现问题应在开挖前进行处理解决。坑内降水一般采用轻型井点、喷射井点、深井井点，当土层为饱和黏土、粉土、淤泥和淤泥质黏土时，此时宜辅以电极相结合。坑内降水应在围护结构（含隔水帷幕）完工，并达到设计要求后进行。当坑内做地基加固时，也宜在地基加固完工并达到设计要求后进行。降水加固地基时，对发生混浊的井管必须关闭废弃或重新埋设。坑内降水时，对坑内外水位和土体变形进行监控。

3. 加固施工注意事项

1）加固材料及其配方是加固工程的重要组成部分之一。采用的适当与否，将会影响到固结体的质量、物理力学指标和化学稳定性以及工程造价。在基坑工程中，有时要求的固化时间较短，需考虑在水泥中添加促凝剂或早强剂，以加速浆液固化和提高固结体早期强度。在一定土质条件下，通过调节浆液的水灰比和单位时间的喷射量或改变提升速度等措施可适当提高或降低加固体强度。

2）一般对基坑土体的加固作用是考虑在基坑开挖过程中减少土体的压缩变形。但由于加固技术的局限性，在加固施工时，如施工不当也会对基坑和环境产生不利影响。如在围护墙强度未达到设计强度要求时，即进行坑内旋喷加固有可能会对围护墙产生破坏作用。又如坑外边的加固施工不当，加固挤土或冒浆也会对坑边土体产生破坏作用。此外降水施工时降深过度或围护壁渗漏均会对坑外地基和环境建筑等产生不利影响。为减少或消除上述影响，进行施工工艺和技术措施分析，选择合适的施工顺序和施工方案是必要的。

3）一般条件下，先进行基坑围护墙的施工，再进行坑内土体被动区加固的施工。采用搅拌法加固时应考虑基坑底面标高以上部分进行回掺，双轴水泥土搅拌法加固的水泥回掺量宜为8%以上，三轴水泥土搅拌法加固的水泥回掺量宜为12%以上。当墙体变形控制为一级保护要求时，应适当提高水泥回掺量。预搅下沉时一般不宜冲水，只有遇较硬土层导致下沉太慢时，方可适量冲水，但须考虑冲水对桩身强度的影响。当在坑周边外侧进行地基加固时须考虑对环境的不利影响，对施工顺序和进度进行控制和必要的修正。

4）在搅拌桩施工过程中，有关人员应经常检查施工记录，根据每一根桩的水泥或石灰用量、成桩时间、成桩深度等对其质量进行检测，如发现缺陷，应视其所在部位和影响程度分别采取补桩、注浆或其他加强措施。

10.4.2 基坑加固的质量检测

地基采取加固处理后，效果好坏无法确定，直接开挖有不确定性。或当在基坑设计和工程计算中考虑加固作用时，加固体应进行必要的试验和质量检测，以数据判断加固的有效性，提高工程的可靠性，减小工程风险。

1）检测时间。水泥土加固体的质量检测应按加固施工期、基坑开挖前和开挖期3个阶段进行。具体检测要求参见各施工工法及检测验收标准相应的内容和方法。

① 成桩施工期质量检测包括机械性能、材料质量、配合比试验等资料的验证，以及检查孔位、深度、垂直度、水泥掺量、上提喷浆速度、外掺剂掺量、水胶比、搅拌和喷浆起止时间、喷浆量的均匀度、搭接施工间歇时间等。

② 基坑开挖前的质量检测包括加固体强度的验证和技术参数复核。对开挖深度超过10m的基坑或坑边有重要保护建筑的坑内加固体，应采用静力触探或钻孔取芯的方法检验加固体的长度、均匀性和加固体强度。当对加固体质量不能确定时可采用钻头连续钻取全桩长范围内的桩芯，判断桩芯是否硬塑状态，无明显的夹泥、夹砂断层，判断有效桩长范围的桩身强度及均匀性应符合设计要求。

③ 基坑开挖期的质量检测主要通过直观检验开挖面的加固体的外观质量和手感硬度，如不符合设计要求应立即采取必要的补救措施，防止出现工程事故。

2）加固体检测的数量可按基坑规模或加固体施工的数量或重要性分别选取一定量的桩数进行检测，并应满足质量检测验收标准要求。

3）注浆加固体和水泥土搅拌桩的力学性质指标采用静力触探比贯入阻力值检验。水泥土搅拌桩的静力触探应在成桩后第7d（喷浆搅拌）进行，必要时用轻便触探器连续钻取桩身芯样，以观察其连续性和搅拌均匀程度，并判断桩身强度。我国《建筑地基处理技术规范》（JGJ 79—2012）规定，经触探检验对桩身强度有怀疑的桩，应在龄期28d时用地质钻机钻取芯样（$\phi100mm$左右），制成试块测定其强度。

4）加固体检测的质量意见。在加固体检测的质量符合工程设计要求后，才能开挖基坑土体。一般地基加固体强度随着龄期而增长，但由于土的离散性和加固工艺及其他条件的变化，水泥土加固的效果有时会受到影响，在地基加固体未达到一定强度下开挖会影响基坑安全和环境安全。

■ 10.5 关于基坑土体加固的其他事项

地基加固是一种先破坏土体结构，后使土体固化的技术手段，设计和施工应考虑实施过程中对围护结构和环境建筑的不利影响。基坑工程中应避免为控制基坑周边地层位移而不合理地采用昂贵的地基加固。注浆、喷射注浆、搅拌、降水等工法的选择应与地层特性、环境条件、基坑特征等对应，否则加固效果会适得其反。

软土地基上的高层建筑地下室占工程总投资的比例往往很高，随着向地下开拓空间的工程理念的深入，地下深基础在地下室的投资比例也日益增加，为了地下基础施工和环境安全所采取的软土地基加固费用占工程投资的比例也日趋提高。有时为保护环境采取满膛加固，对工期和工程投资，其影响都是巨大的。为求得合理经济的加固方式，在工程实施前，根据水文地质、环境、基坑规模等条件，进行仔细认真的分析和研究是必要的。

 习　题

1. 基坑加固的方法主要有哪些？
2. 水泥土加固对水泥土的要求是什么？
3. 水泥土加固优先选择哪些主要部位？
4. 加固效果如何检测？

第11章 基坑降排水

基坑施工中，为避免产生流砂、管涌、坑底突涌，防止坑壁土体的坍塌，保证施工安全和减少基坑开挖对周围环境的影响，当基坑开挖深度内存在饱和软土层和含水层及坑底以下存在承压含水层时，需要选择合适的方法进行基坑降水与排水。降排水的主要作用如下：

1）防止基坑底面与坡面渗水，保证坑底干燥，便于施工。

2）增加边坡和坑底的稳定性，防止边坡或坑底的土层颗粒流失，防止流砂产生。

3）减少被开挖土体含水量，便于机械挖土、土方外运、坑内施工作业。

4）有效提高土体的抗剪强度与基坑稳定性。对于放坡开挖而言，可提高边坡稳定性。对于支护开挖，可增加被动区土抗力，减少主动区土体侧压力，从而提高支护体系的稳定性和强度，减少支护体系的变形。

5）减少承压水头对基坑底板的顶托力，防止坑底突涌。目前常用的降排水方法和适用条件见表11-1。

表 11-1 常用的降排水方法和适用条件

降水方法	适用范围		
	降水深度/m	渗透系数/(cm/s)	适用地层
集水明排	<5		
轻型井点	<6	$1\times10^{-7}\sim2\times10^{-4}$	含薄层粉砂的粉质黏土，黏质粉土，砂质粉土，粉细砂
多级轻型井点	6~10		
喷射井点	8~20		
砂（砾）渗井	按下卧导水层性质确定	$>5\times10^{-7}$	
电渗井点	根据选定的井点确定	$<1\times10^{-7}$	黏土，淤泥质黏土，粉质黏土
管井（深井）	>6	$>1\times10^{-6}$	含薄层粉砂的粉质黏土，砂质粉土，各类砂土，砾砂，卵石

■ 11.1 抽水试验与水文地质参数

水文地质参数是反映含水层或透水层水文地质性能的指标，是进行各种水文地质计算时不可缺少的数据，是基坑降水设计中不可缺少的因子，它的性质直接影响到基坑降水设计的

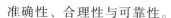

准确性、合理性与可靠性。

抽水试验的类型与目的见表 11-2。

表 11-2　抽水试验的类型与目的

试 验 类 型	试 验 目 的	适 用 范 围
单孔抽水试验（无观测孔）	测定含水层富水性、渗透性及流量与水位降深的关系	方案制定与优化阶段
多孔抽水试验（观测孔数：1）	测定含水层富水性、渗透性和各向异性，漏斗影响范围和形态，补给带宽度，合理井距，流量与水位降深关系，含水层与地表水之间的联系，含水层之间的水力联系。进行流向、流速测定和含水层给水度的测定等	方案优化阶段，观测孔布置在抽水含水层和非抽水含水层中
分层抽水试验（开采段内为单一含水层）	测定各含水层的水文地质参数，了解各含水层之间的水力联系	各含水层水文地质特征尚未查明的地区
混合抽水试验（开采段内含水层层数>1）	测定含水层组的水文地质参数	各含水层水文地质特征已基本查明的地区
完整井抽水试验	测定含水层的水文地质参数	含水层厚度不大于 30m
非完整井抽水试验	测定含水层水文地质参数、各向异性渗透特征	含水层厚度较大的地区
稳定流抽水试验	测定含水层的渗透系数，井的特性曲线，井损失	单孔抽水，用于方案制定或优化阶段
非稳定流抽水试验	测定含水层水文地质参数，了解含水层边界条件，顶底板弱透水层水文地质参数，地表水与地下水、含水层之间的水力联系等	一般需要 1 个以上的观测孔，用于方案优化阶段
阶梯抽水试验	测定井的出水量曲线方程（井的特性曲线）和井损失	方案优化阶段
群孔（井）抽水试验	根据基坑施工工况，制定降水运行方案	制定降水运行方案阶段
冲击试验	测定无压含水层、承压含水层的水文地质参数	含水层渗透性相对较低，或无条件进行抽水试验

对于稳定流抽水试验，一般进行 3 次水位降深的抽水试验。水位降深顺序，基岩含水层一般宜先大后小，松散含水层宜按先小后大逐次进行。最大水位降深值按抽水设备能力确定并应接近设计动水位，其余 2 次降深值分别为最大降深值的 1/3 和 2/3，相邻 2 次试验的水位降深值之差不小于 1m。

对出水量很小或很大的含水层，或已掌握较详细水文地质资料，或参数精度要求不高、研究价值不大的含水层，也可只进行 1 次或 2 次降深的抽水试验。

1. 试验稳定标准或停止试验的控制条件

1）出水量与动水位没有持续上升或下降趋势（判定时应尽量消除其他干扰因素）。

2）如采用水泵抽水，主孔内水位波动≤2cm，流量波动≤3%。

3）如采用空压机抽水，主孔内水位波动≤10cm，流量波动≤5%。

4）如布设观测孔，距离最远的观测孔内水位波动≤2cm。

2. 试验稳定持续时间

抽水试验稳定持续时间与抽水试验目的、场地和区域水文地质的研究程度和水文地质条件等因素相关。一般在场地水文地质研究程度较高，试验目的单纯为测定渗透系数，稳定持续时间可以短一些；在岩溶地区、水位受潮汐影响的地区、受地表水补给明显导致水位动态变化大的地区，以及进行群孔抽水试验时，稳定持续时间可以长一些。

对于不同类型的含水层，试验稳定持续时间（水位降深由小到大）一般应达到以下要求：

1）卵石、砾石、粗砂含水层：4~8h。

2）中砂、细砂、粉砂含水层：8~16h。

3）裂隙和岩溶含水层：16~24h。

3. 动水位与流量观测

抽水试验开始后应同时观测主孔动水位、出水量和各观测孔的水位。水位观测时间一般在抽水开始后的第 1min、3min、5min、7min、10min、15min、20min、25min、30min 各测 1 次，以后每隔 30min 观测 1 次。流量可每隔 60min 观测 1 次。

抽水试验结束或因故停抽，均应观测恢复水位。一般要求停抽后第 1min、3min、5min、7min、10min、15min、20min、25min、30min 各测 1 次，以后每 30min 观测 1 次，以后可逐步改为每 50~100min 观测 1 次。

水文地质参数计算可以采用 Dupuit 公式和 Thiem 公式。

（1）只有抽水孔观测资料时的 Dupuit 公式

1）承压完整井

$$k = \frac{Q}{2\pi s_w M} \ln \frac{R}{r_w} \tag{11-1}$$

$$R = 10 s_w \sqrt{k} \tag{11-2}$$

2）潜水完整井

$$k = \frac{Q}{\pi (H^2 - h^2)} \ln \frac{R}{r_w} \tag{11-3}$$

$$R = 2 s_w \sqrt{kH} \tag{11-4}$$

式中　k——含水层渗透系数（m/d）；

　　　Q——抽水井流量（m³/d）；

　　　s_w——抽水井中水位降深（m）；

　　　M——承压含水层厚度（m）；

　　　R——影响半径（m）；

　　　H——潜水含水层的初始厚度（m）；

　　　h——潜水含水层抽水后的厚度（m）；

　　　r_w——抽水井半径（m）。

（2）当有抽水井和观测孔的观测资料时的裘布依（Dupuit）或蒂姆（Thiem）公式

1）承压完整井。

裘布依公式为

$$h_1 - h_w = \frac{Q}{2\pi kM}\ln\frac{r_1}{r_w} \tag{11-5}$$

蒂姆公式为

$$h_2 - h_1 = \frac{Q}{2\pi kM}\ln\frac{r_2}{r_1} \tag{11-6}$$

2）潜水完整井。

裘布依公式为

$$h_1^2 - h_w^2 = \frac{Q}{\pi kM}\ln\frac{r_1}{r_w} \tag{11-7}$$

蒂姆公式为

$$h_2^2 - h_1^2 = \frac{Q}{\pi kM}\ln\frac{r_2}{r_1} \tag{11-8}$$

式中　h_w——抽水井中的稳定水位（m）；

　　　h_1、h_2——与抽水井距离为 r_1 和 r_2 处观测孔（井）中的稳定水位（m）；稳定水位等于初始水位 H_0 与井中水位降深之差，即 $h_1 = H_0 - s_1$，$h_2 = H_0 - s_2$，$h_w = H_0 - s_w$；

　　　其余符号意义同前。

当水井中的降深较大时，可采用修正降深。修正降深 s' 与实际降深 s 之间的关系为

$$s' = s - \frac{s^2}{2H_0} \tag{11-9}$$

■ 11.2　集水明排设计

在地下水位较高地区开挖基坑，会遇到地下水问题。如涌入基坑内的地下水不能及时排出，不但土方开挖困难，边坡易于塌方，而且会使地基被水浸泡，扰动地基土，造成竣工后的建筑物产生不均匀沉

集水明排设计

降。为此，在基坑开挖时要及时排出涌入的地下水。当基坑开挖深度不大，基坑涌水量不大时，集水明排法应用最广泛，也是最简单、经济的方法。

1. 适用范围

1）地下水类型一般为上层滞水，含水土层渗透能力较弱。

2）一般为浅基坑，降水深度不大，基坑或涵洞地下水位超出基础底板或洞底标高不大于 2.0m。

3）排水场区附近没有地表水体直接补给。

4）含水层土质密实，坑壁稳定（细粒土边坡不易被冲刷而塌方），不会产生流砂、管涌等不良影响的地基土，否则应采取支护和防潜蚀措施。

2. 排水量设计

沟、井的截面应根据排水量确定。明沟、集水井排水,视水量多少可连续或间断抽水,直至基础施工完毕、回填土为止。

排水沟的截面应根据设计流量确定,设计排水流量应符合下式规定,即

$$Q \leqslant V/1.5 \tag{11-10}$$

式中 Q——排水沟的设计流量(m^3/d);

V——排水沟的排水能力(m^3/d)。

3. 措施

1)基坑外侧设置由集水井和排水沟组成的地表排水系统,避免坑外地表明水流入基坑内。排水沟宜布置在基坑边净距0.5m以外,有止水帷幕时,基坑边从止水帷幕外边缘起计算;无止水帷幕时,基坑边从坡顶边缘起计算。

2)多级放坡开挖时,可在分级平台上设置排水沟。

3)基坑内宜设置排水沟、集水井和盲沟等,以疏导基坑内明水。集水井中的水应采用抽水设备抽至地面。盲沟中宜回填级配砾石作为滤水层。

■ 11.3 疏干降水设计

疏干降水设计对象一般包括基坑开挖深度范围内上层滞水、潜水。

当基坑周边设置隔水帷幕,隔断基坑内外含水层之间的地下水水力联系时,一般采用坑内疏干降水,其类型为封闭型疏干降水,如图11-1a所示。当基坑周边未设置隔水帷幕,采用大放坡开挖时,一般采用坑内与坑外疏干降水,其类型为敞开型疏干降水,如图11-1b所示。当基坑周边隔水帷幕深度不足,仅部分隔断基坑内外含水层之间的地下水水力联系时,一般采用坑内疏干降水,其类型为半封闭型疏干降水,如图11-1c所示。

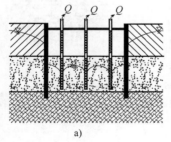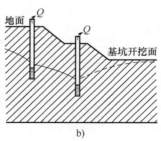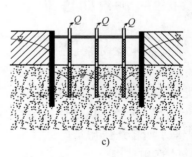

图 11-1 疏干降水类型

a)封闭型疏干降水 b)敞开型疏干降水 c)半封闭型疏干降水

1. 常用疏干降水方法

常用疏干降水方法一般包括轻型井点(含多级轻型井点)降水、喷射井点降水、电渗井点降水、管井降水(管材可采用钢管、混凝土管、PVC硬管等)、真空管井降水等方法。可根据工程场地的工程地质与水文地质条件以及基坑工程特点,选择针对性较强的疏干降水方法,以求获得较好的降水效果。

2. 疏干降水效果的检验

疏干降水效果可从以下方面检测：

1) 观测坑内地下水位是否已达到设计或施工要求的埋深。

2) 通过观测疏干降水的总排水量或其他测试手段，判别被开挖土体含水量是否已下降到有效范围内。

3. 疏干降水设计与计算

（1）基坑涌水量估算 对于封闭型疏干降水，基坑涌水量可按经验公式进行估算，即

疏干降水设计

$$Q = \mu A s \tag{11-11}$$

式中 Q——基坑涌水量（疏干降水排水总量，m^3）；

μ——疏干含水层的给水度；

A——基坑开挖面积（m^2）；

s——基坑开挖至设计深度时的疏干含水层中平均水位降深（m）。

对于半封闭型或敞开型疏干降水，基坑涌水量可按大井法进行估算，即

潜水含水层为

$$Q = 1.366k(2H_0 - s)s / \lg\left(\frac{R + r_0}{r_0}\right) \tag{11-12}$$

承压含水层为

$$Q = 2.73kMs / \lg\left(\frac{R + r_0}{r_0}\right) \tag{11-13}$$

式中 Q——基坑涌水量（m^3/d）；

r_0——假想半径（m），与基坑形状及开挖面积有关，可按下式计算：

圆形基坑为

$$r_0 = \sqrt{\frac{A}{\pi}} \tag{11-14}$$

矩形基坑为

$$r_0 = \xi(l + b)/4 \tag{11-15}$$

式中 l——基坑长度（m）；

b——基坑宽度（m）；

ξ——基坑形状修正系数，可按表 11-3 取值；

其余符号意义同前。

表 11-3 基坑形状修正系数

b/l	0	0.2	0.4	0.6	0.8	1.0
ξ	1.0	1.12	1.16	1.18	1.18	1.18

（2）轻型井点降水设计

1) 轻型井点降水的优缺点。

① 优点：采用轻型井点降水其井点间距小，能有效地拦截地下水流入基坑内，尽可能

地减少残留滞水层厚度，对保持边坡和桩间土的稳定较有利，因此降水效果较好。

② 缺点：占用场地大、设备多、投资大，特别是对于狭窄建筑场地的深基坑工程，其占地和费用一般使建设单位和施工单位难以接受，且在较长时间的降水过程中，对供电、抽水设备的要求高，维护管理复杂等。

2）轻型井点设备。轻型井点设备主要由井点管（包括过滤器）、集水总管、抽水设备等组成。

① 井点管：一般采用直径为 38~50mm 的钢管制作，长度为 5.0~9.0m，整根或分节组成。

② 过滤器：采用与井点管相同规格的钢管制作，长度一般为 0.8~1.5m。

③ 集水总管：采用内径为 100~127mm 的钢管制作，长度为 50.0~80.0m，分节组成，每节长度为 4.0~6.0m。每个集水总管与 40~60 个井点管采用软管连接。

④ 抽水设备：主要由真空泵（或射流泵）、离心泵和集水箱组成。

轻型井点系统如图 11-2 所示。

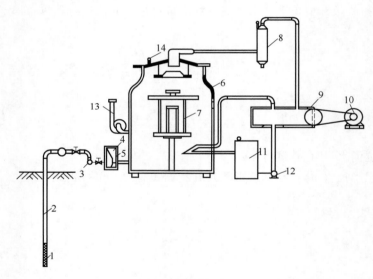

图 11-2　轻型井点系统

1—过滤器　2—井点管　3—集水总管　4—滤网　5—过滤室　6—集水箱　7—浮筒　8—分水室
9—真空泵　10—电动机　11—冷却水箱　12—冷却循环水泵　13—离心泵　14—真空计

3）轻型井点降水计算。

① 每根井点管的最大允许出水量 q_{max}：

$$q_{max} = 120 r_w L \sqrt[3]{k} \tag{11-16}$$

式中　q_{max}——单根井点管的最大允许出水量（m^3/d）；

r_w——滤水管的半径（m）；

L——滤水管的长度（m）；

k——疏干层的渗透系数（m/d）。

② 井点管设计数量 n 为

$$n \geqslant Q / q_{\max} \tag{11-17}$$

③ 井点管的长度 L 为

$$L = D + h_w + s + l_w + \frac{1}{\alpha} r_q \tag{11-18}$$

式中　D——地面以上的井点管长度（m）；

　　　　h_w——初始地下水位埋深（m）；

　　　　l_w——滤水管长度（m）；

　　　　r_q——井点管排距（m）；

　　　　α——单排井点 $\alpha = 4$；双排或环形井点 $\alpha = 10$；

　　　　其余符号意义同前。

■ 11.4　承压水降水设计

承压水降水设计

在大多数自然条件下，软土地区的承压水压力与其上覆土层的自重应力相互平衡或小于上覆土层的自重应力。当基坑开挖到一定深度后，导致基坑底面下的土层自重应力小于下覆承压水压力，承压水将会冲破上覆土层涌向坑内，坑内发生突水、涌砂或涌土，即形成所谓的基坑突涌。基坑突涌通常具有突发性，导致基坑围护结构严重损坏或倒塌、坑外大面积地面下沉或塌陷、危及周边建（构）筑物及地下管线的安全、施工人员伤亡等。基坑突涌引起的工程事故是无可挽回的灾难性事故，经济损失巨大，负面影响严重。

在深基坑工程施工中，必须十分重视承压水对基坑稳定性的重要影响。基坑突涌的发生是承压水的高水头压力引起的，通过承压水减压降水降低承压水位（通常也称为"承压水头"），达到降低承压水压力的目的，已成为最直接、最有效的承压水控制措施之一。在基坑工程施工前，应认真分析工程场地的承压水特性，制定有效的承压水降水设计方案。在基坑工程施工中，应采取有效的承压水降水措施，将承压水位严格控制在安全埋深以下。

1. 承压降水的方法

（1）坑内减压降水　对于坑内减压降水而言，不仅将减压降水井布置在基坑内部，而且必须保证减压井过滤器底端的深度不超过止水帷幕底端的深度，才是真正意义上的坑内减压降水。坑内井群抽水后，坑外的承压水须绕过止水帷幕的底端，绕流进入坑内，同时下部含水层中的水垂向经坑底流入基坑，在坑内承压水位降到安全埋深以下时，坑外的水位降深相对下降较小，从而因降水引起的地面变形也较小。

满足以下条件之一时，应采用坑内减压降水方案：

1）当止水帷幕部分插入承压含水层中，止水帷幕进入承压含水层顶板以下的长度 L 不小于承压含水层厚度的 1/2（见图 11-3a），或不小于 10.0m（见图 11-3b），止水帷幕对基坑内外承压水渗流具有明显的阻隔效应。

2）当止水帷幕进入承压含水层，并进入承压含水层底板以下的半隔水层或弱透水层中，止水帷幕已完全阻断基坑内外承压含水层之间的水力联系（见图 11-3c）。

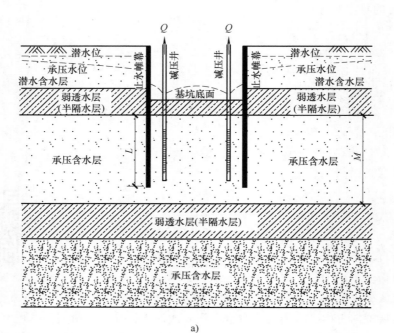

图 11-3　坑内降水结构示意图

a）坑内承压含水层半封闭　　b）悬挂式止水帷幕

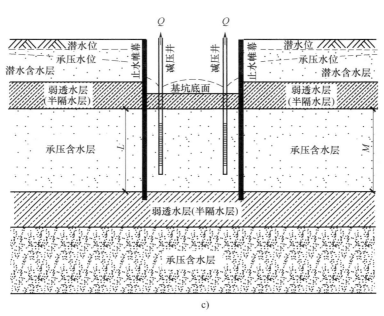

图 11-3　坑内降水结构示意图（续）

c）坑内承压含水层全封闭

（2）坑外减压降水　对于坑外减压降水而言，不仅将减压降水井布置在基坑围护结构外侧，而且要使减压井过滤器底端的深度不小于止水帷幕底端的深度，才能保证坑外减压降水效果。

如果坑外减压降水井过滤器埋藏深度小于止水帷幕深度，则坑内地下水需绕过止水帷幕底端后才能进入坑外降水井内，抽出的地下水大部分来自于坑外的水平径向流，导致坑内水位下降缓慢或降水失效，不但使基坑外侧承压含水层的水位降深增大，而且降水引起的地面变形也增大。换言之，坑外减压降水必须合理设置减压井过滤器的位置，减小止水帷幕的挡水（屏蔽）功效，以较小的抽水流量，使基坑范围内的承压水水头降低到设计标高以下，尽量减小坑外水头降深与降水引起的地面变形。

满足以下条件之一时，宜优先选用坑外减压降水方案：

1）当止水帷幕未进入承压含水层中（见图 11-4a）。

2）止水帷幕进入承压含水层顶板以下的长度 L 远小于承压含水层厚度，且不超过 5.0m（见图 11-4b）。

（3）坑内-坑外联合减压降水　当现场客观条件不能完全满足前述关于坑内减压降水或坑外减压降水的选用条件时，可综合考虑现场施工条件、水文地质条件、止水帷幕特征以及基坑周围环境特征与保护要求等，选用合理的坑内-坑外联合减压降水方案。

2. 承压水降水运行控制

承压水降水运行控制应满足两个基本要求：其一，通过承压水降水运行，应能保证将承压水位控制在安全埋深以下；其二，从保护基坑周边环境的角度考虑，在承压水位降深满足基坑稳定性要求的前提下，应避免过量抽水、水位降深过大。

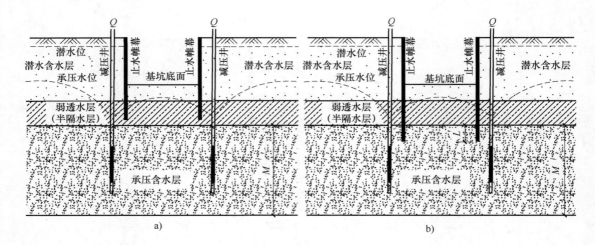

图 11-4　坑外降水结构示意图

a）坑内外承压含水层全连通　b）坑内外承压含水层几乎全连通

降水运行控制方法简述如下：

1）应严格遵守"按需减压降水"的原则，综合考虑环境因素、安全承压水位埋深与基坑施工工况之间的关系，确定各施工区段的阶段性承压水位控制标准，制定详细的减压降水运行方案。

2）降水运行过程中，应严格执行减压降水运行方案。如基坑施工工况发生变化，应及时调整或修改降水运行方案。

3）所有减压井抽出的水应排到基坑影响范围以外或附近的天然水体中。现场排水能力应考虑到所有减压井（包括备用井）全部启用时的排水量，每个减压井的水泵出口应安装水量计量装置和单向阀。

4）减压井全部施工完成、现场排水系统安装完毕后，应进行一次群井抽水试验或减压降水试运行，对电力系统（包括备用电源）、排水系统、井内抽水泵、量测系统、自动监控系统等进行一次全面检验。

5）降水运行应实行不间断的连续监控。对于重大深基坑工程，应考虑采用水位自动监测系统对承压水位实行全程跟踪监测，使降水运行过程中基坑内外承压水位的变化随时处于监控中。

6）降水运行正式开始前1周内应测定环境背景值，监测内容包括基坑内外的初始承压水位、基坑周边相邻地面沉降初值、保护对象的初始变形以及基坑围护结构变形等，与基坑设计要求重复的监测项目可利用基坑监测资料。

7）当环境条件复杂、降水引起基坑外地表沉降量大于环境控制标准时，可采取控制降水幅度、人工地下水回灌或其他有效的环境保护措施。

8）停止降水后，应对降水管井采取可靠的封井措施。

3. 承压降水设计与计算

（1）基坑内安全承压水位埋深　基坑内的安全承压水位埋深必须同时满足基坑底部抗渗稳定性与抗突涌稳定性要求，按下式计算，即

$$D \geqslant H_0 - \frac{H_0 - h}{f_w} \frac{\gamma_s}{\gamma_w} \tag{11-19}$$

其中，$h \leqslant H_d$，$H_0 - h > 1.50\text{m}$ 或 $D \geqslant h + 1.0$，$H_0 - h \leqslant 1.50\text{m}$。

式中　D——坑内安全承压水位埋深（m）；

H_0——承压含水层顶板埋深的最小值（m）；

h——基坑开挖面深度（m）；

H_d——基坑开挖深度（m）；

f_w——承压水分项安全系数，取值为 1.05～1.2；

γ_s——坑底至承压含水层顶板之间的土的天然重度的层厚加权平均值（kN/m³）；

γ_w——地下水重度（kN/m³）。

（2）单井最大允许涌水量　单井出水能力取决于工程场地的水文地质条件、井点过滤器的结构、成井工艺和设备能力等。承压水降水管井的涌水量为

$$q_0 = 120\pi r L \sqrt[3]{k} \tag{11-20}$$

式中　q_0——单井涌水量（m³/d）；

L——过滤管长度（m）；

r——过滤管半径（m）；

其余符号意义同前。

（3）渗流解析法设计计算　在井点数量、井点间距（排列方式）、井点管理埋深初步确定后，可根据下式预测基坑内抽水影响最小处的水位降深值 s 为

$$s = \frac{0.366Q}{kM} \left[\lg R - \frac{1}{n} \lg(x_1 x_2 \cdots x_n) \right] \tag{11-21}$$

式中　　　　Q——基坑涌水量（m³/d）；

n——管井总数（口）；

x_1、x_2、$\cdots$、x_n——计算点到各管井中心距离（m）。

【例 11-1】　某工程承压含水层厚度为 18m，含水层渗透系数为 20m/d，基坑开挖深度为 25.00m，抽水影响半径 R 为 1300m，基坑折算半径为 25m，过滤器长度 $L = 16\text{m}$，过滤器半径 $r = 0.15\text{m}$。

解：（1）基坑涌水量估算　基坑中心处要求水位降深 s，取降水后地下水位位于坑底以下 1.0m，则有 $s_d = (25.00 + 1.00)\text{m} = 26.00\text{m}$，含水层厚度 $M = 18.0\text{m}$，$k = 20\text{m/d}$，$r_0 = 25\text{m}$，$R = 1300\text{m}$。

$$Q = 2.73 kMs / \lg\left(\frac{R + r_0}{r_0}\right) = \left[2.73 \times 20 \times \frac{18.0 \times 26.00}{\lg\left(1 + \frac{1300}{25}\right)} \right] \text{m}^3/\text{d} = 6436\text{m}^3/\text{d}$$

（2）单井涌水量

$$q_0 = 120\pi r L \sqrt[3]{k} = (120 \times 3.14 \times 0.15 \times 16 \times \sqrt[3]{20})\text{m}^3/\text{d} = 2455\text{m}^3/\text{d}$$

（3）降水井数量

$$n = 1.2Q / q_0 = 3$$

■ 11.5　减小与控制降水引起地面沉降的措施

基坑降水导致基坑四周水位降低、土中孔隙水压力转移、消散，不仅打破了土体原有的力学平衡，有效应力增加，而且水位降落漏斗范围内，水力梯度增加，以体积力形式作用在土体上的渗透力增大。两者共同作用的结果是，基坑周边土体发生沉降变形。但在高水位地区开挖深基坑又离不开降水措施，因此一方面要保证开挖施工的顺利进行，另一方面又要防范对周围环境的不利影响，即采取相应的措施，减少降水对周围建筑物及地下管线造成的影响。

1. 在降水前认真做好对周围环境的调研工作

1）查明场地的工程地质及水文地质条件。

2）查明地下储水体，如周围的地下古河道、古水池之类的分布情况，防止出现井点和地下储水体穿通的现象。

3）查明上水管线、下水管线、煤气管道、电话、电信电缆、输电线等各种管线的分布和类型，埋设的年代和对差异沉降的承受能力，考虑是否需要预先采取加固措施等。

4）查清周围地面和地下建筑物的情况，包括这些建筑物的基础形式，上部结构形式，在降水区中的位置和对差异沉降的承受能力。降水前要查清这些建筑物的历年沉降情况和目前损伤的程度，是否需要预先采取加固措施等。

2. 合理使用井点降水，尽可能减少对周围环境的影响

降水必然会形成降水漏斗，从而造成周围地面的沉降，但只要合理使用井点，可以把这类影响控制在周围环境可以承受的范围之内，应注意以下方面：

1）首先在场地典型地区进行相应的群井抽水试验，进行降水及沉降预测。做到按需降水，严格控制水位降深。

2）防范抽水带走土层中的细颗粒。在降水时要随时注意抽出的地下水是否有混浊现象。

3）适当放缓降水漏斗线的坡度。

4）井点应连续运转，尽量避免间歇和反复抽水。

5）基坑开挖时应避免产生坑底流砂引起的基坑周边地面沉陷。

6）如果降水现场周围有湖、河、浜等储水体时，应考虑在井点与储水体间设置隔水帷幕，以防井点与储水体穿通。

7）在建筑物和地下管线密集等对地面沉降控制有严格要求的地区开挖深基坑，宜尽量采用坑内降水方法，即在围护结构内部设置井点，疏干坑内地下水，从而利于开挖施工。同时，需利用支护体本身或另设隔水帷幕切断坑外地下水的涌入。

3. 降水场地外侧设置隔水帷幕，减小降水影响范围

在降水场地外侧有条件的情况下设置一圈止水帷幕，切断降水漏斗曲线的外侧延伸部分，减小降水影响范围，将降水对周围的影响减小到最低程度。

常用的止水帷幕包括深层水泥搅拌桩、砂浆防渗板桩、树根桩止水帷幕、钻孔咬合桩、钢板桩、地下连续墙等。

4. 降水场地外缘设置回灌水系统

降水对周围环境的不利影响主要是由于漏斗形降水曲线引起周围建筑物和地下管线基础的不均匀沉降造成的，因此，在降水场地外缘设置回灌水系统，保持需保护部位的地下水位，可消除所产生的危害。回灌水系统包括回灌井以及回灌砂沟、砂井等。

 习 题

1. 明集排水的主要适用条件是什么？
2. 10m 深软土基坑，潜水降水 10.5m，可以选择哪类降水方式？
3. 降水井位置如何确定？
4. 当周边有对变形较为敏感的建筑时，降水应注意的事项有哪些？
5. 哪些情况下需要进行承压水降水？

第12章 基坑监测

由于岩土体性质的复杂多变性及各种计算模型的局限性，很多基坑工程的理论计算结果与实测数据往往有较大差异。鉴于上述情况，在工程设计阶段准确无误地预测基坑支护结构和周围土体在施工过程中的变化是不现实的，施工过程中如果出现异常，且这种变化又没有被及时发现并任其发展，后果将不堪设想。据统计多起国内外重大基坑工程事故在发生前监测数据都有不同程度的异常反映，但均未得到充分重视而导致了严重的后果。

近年来，基坑工程信息化施工受到了越来越广泛的重视。为保证工程安全顺利地进行，在基坑开挖及结构构筑期间开展严密的施工监测是很有必要的，因为监测数据可以称为工程的"体温表"，不论是安全还是隐患状态都会在数据上有所反映。从某种意义上施工监测也可以说是一次1:1的岩土工程原型试验，所取得的数据是基坑支护结构和周围地层在施工过程中的真实反映，是各种复杂因素影响下的综合体现。与其他客观实物一样，基坑工程在空间上是三维的，在时间上是发展的，缺少现场实测和数据分析，对于认识和把握其客观规律几乎是不可能的。

由于目前只能采用理论计算与地区经验相结合的半经验、半理论的方法进行设计，基坑工程定量计算不会很精确，计算结果只能给设计者提供一个大概的计算值，设计者的经验非常重要，要对计算结果进行甄别、判断，最后要靠监测结果证实计算结果的合理性或准确性，并以此修改完善后续的设计方案。所以工程项目的监测就显得十分重要了。

监测目的

■ 12.1　监测要点

12.1.1　监测目的

基坑工程监测的主要目的如下：

1）使参建各方能够完全客观真实地把握工程质量，掌握工程各部分的关键性指标，确保工程安全。

2）在施工过程中通过实测数据检验工程设计所采取的各种假设和参数的正确性，及时改进施工技术或调整设计参数以取得良好的工程效果。

3）对可能发生危及基坑工程本体和周围环境安全的隐患进行及时、准确的预报，确保基坑结构和相邻环境的安全。

4) 积累工程经验，为提高基坑工程的设计和施工整体水平提供基础数据支持。

12.1.2 监测方案

监测方案根据不同需要会有不同内容，一般包括工程概况、工程设计要点、地质条件、周边环境概况、监测目的、编制依据、监测项目、测点布置、监测人员配置、监测方法及精度、数据整理方法、监测频率、报警值、主要仪器设备、拟提供的监测成果以及监测结果反馈制度、费用预算等。

12.1.3 监测项目

基坑监测的内容分为两大部分，即基坑本体监测和相邻环境监测。基坑本体监测包括围护桩墙、支撑、锚杆、土钉、坑内立柱、坑内土层、地下水等；相邻环境监测包括周围地层、地下管线、相邻建筑物、相邻道路等。基坑工程的监测项目应与基坑工程设计、施工方案相匹配。应针对监测对象的关键部位，做到重点观测、项目配套并形成有效的、完整的监测系统。

监测项目

根据《建筑基坑工程监测技术标准》（GB 50497—2019），基坑工程仪器监测项目应根据表 12-1 进行选择。

表 12-1 基坑工程仪器监测项目

监测项目		基坑工程安全等级		
		一级	二级	三级
围护墙（边坡）顶部水平位移		应测	应测	应测
围护墙（边坡）顶部竖向位移		应测	应测	应测
深层水平位移		应测	应测	宜测
立柱竖向位移		应测	应测	宜测
围护墙内力		宜测	可测	可测
支撑轴力		应测	应测	宜测
立柱内力		可测	可测	可测
锚杆轴力		应测	宜测	可测
坑底隆起		可测	可测	可测
围护墙侧向土压力		可测	可测	可测
孔隙水压力		可测	可测	可测
地下水位		应测	应测	应测
土体分层竖向位移		可测	可测	可测
周边地表竖向位移		应测	应测	宜测
周边建筑	竖向位移	应测	应测	应测
	倾斜	应测	宜测	应测
	水平位移	宜测	可测	可测

（续）

监 测 项 目		基坑工程安全等级		
		一级	二级	三级
周边建筑裂缝、地表裂缝		应测	应测	应测
周边管线	竖向位移	应测	应测	应测
	水平位移	可测	可测	可测
周边道路竖向位移		应测	宜测	可测

12.1.4 监测频率

基坑工程监测频率的确定应满足能系统反映监测对象所测项目的重要变化过程而又不遗漏其变化时刻的要求。监测工作应从基坑工程施工前开始，直至地下工程完成为止，贯穿于基坑工程和地下工程施工全过程。对有特殊要求的基坑周边环境的监测应根据需要延续至变形趋于稳定后结束。

基坑工程的监测频率不是一成不变的，应根据基坑开挖及地下工程的施工进程、施工工况以及其他外部环境影响因素的变化及时地做出调整。对于应测项目，在无数据异常和事故征兆的情况下，开挖后现场仪器监测频率可按表 12-2 确定。

表 12-2　现场仪器监测的监测频率

基坑设计安全等级	施 工 进 程		监 测 频 率
一级	开挖深度 h	$\leq H/3$	1 次/（2~3）d
		$(H/3) \sim (2H/3)$	1 次/（1~2）d
		$(2H/3) \sim H$	（1~2）次/d
	底板浇筑后时间/d	≤ 7	1 次/d
		$7 \sim 14$	1 次/3d
		$14 \sim 28$	1 次/5d
		> 28	1 次/7d
二级	开挖深度 h	$\leq H/3$	1 次/3d
		$(H/3) \sim (2H/3)$	1 次/2d
		$(2H/3) \sim H$	1 次/d
	底板浇筑后时间/d	≤ 7	1 次/2d
		$7 \sim 14$	1 次/3d
		$14 \sim 28$	1 次/7d
		> 28	1 次/10d

12.1.5 监测步骤

监测单位工作的程序，应按以下步骤进行：

1）接受委托。

2）现场踏勘，收集资料。

3）制定监测方案，并报委托方及相关单位认可。

4）展开前期准备工作，设置监测点，校验设备、仪器。

5）设备、仪器、元件和监测点验收。

6）现场监测。

7）监测数据的计算、整理、分析及信息反馈。

8）提交阶段性监测结果和报告。

9）现场监测工作结束后，提交完整的监测资料。

■ 12.2　监测对象及方法

监测对象及方法

基坑工程施工现场监测的内容分为两大部分，即围护结构和相邻环境。围护结构包括围护桩墙、支撑、围檩和圈梁、立柱、坑内土层等五部分，相邻环境包括相邻土层、地下管线、相邻房屋等三部分。监测的对象具体包括：

1. 墙顶位移（桩顶位移、坡顶位移）

墙顶水平位移和竖向位移是基坑工程中最直接的监测内容。

对于墙顶水平位移，测特定方向的水平位移时可采用视准线法、小角度法、投点法等；测定监测点任意方向的水平位移时，可视监测点的分布情况，采用前方交会法、后方交会法、极坐标法等；当测点与基准点无法通视或距离较远时，可采用 GPS 测量法或三角、三边、边角测量与基准线法相结合的综合测量方法。墙顶竖向位移监测可采用几何水准或液体静力水准等方法，各监测点与水准基准点或工作基点应组成闭合环路或附合水准路线。

墙顶位移监测点应沿基坑周边布置，监测点水平间距不宜大于 20m。一般基坑每边的中部、阳角处变形较大，所以中部、阳角处宜设测点。为便于监测，水平位移监测点宜同时作为竖向位移的监测点。

2. 围护桩墙（土体）**水平位移**

围护桩墙或周围土体深层水平位移的监测是确定基坑围护体系变形和受力的最重要的监测手段，通常采用测斜手段进行监测，其原理如图 12-1 所示。

测斜的工作原理是利用重力摆锤始终保持铅直方向的性质，测得仪器中轴线与摆锤垂直线的倾角，倾角的变化导致电信号变化，经转化输出并在仪器上显示，从而可以知道被测构筑物的位移变化值（见图 12-1）。实际量测时，将测斜仪插入测斜管内，并沿管内导槽缓慢下滑，按取定的间距 L 逐段测定各位置处管道与铅直线的相对倾角，假设桩墙（土体）与测斜管挠曲协调，就能得到被测体的深层水平位移，只要配备足够多的量测点（通常间隔 0.5m），所绘制的曲线几乎是连续光滑的。

测斜监测点一般布置在基坑平面上挠曲计算值最大的位置，监测点水平间距为 20 ~ 50m，每边监测点数目不应少于 1 个。设置在土体内的测斜管深度不宜小于基坑开挖深度的 1.5 倍，并大于围护墙入土深度。

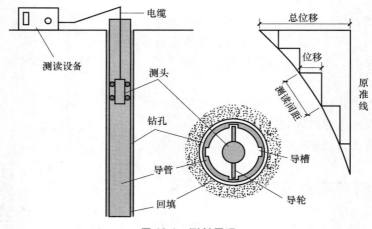

图 12-1　测斜原理

3. 立柱竖向位移

在软土地区或对周围环境要求比较高的基坑大部分采用内支撑，支撑跨度较大时，一般都架设立柱（见图 12-2）。立柱的竖向位移（沉降或隆起）对支撑轴力的影响很大，工程实践表明，立柱竖向位移 2~3cm，支撑轴力会变化约 1 倍。立柱竖向位移的不均匀会引起支撑体系各点在垂直面上与平面上的差异位移，最终引起支撑产生较大的次应力（这部分力在支撑结构设计时一般没有考虑）。若立柱间或立柱与围护墙间有较大的沉降差，就会导致支撑体系偏心受压甚至失稳，从而引发工程事故。所以立柱竖向位移的监测特别重要。因此对于支撑体系应加强立柱的位移监测。

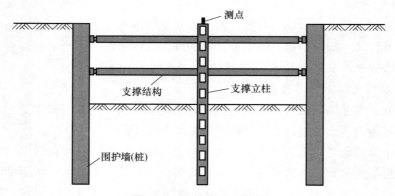

图 12-2　立柱监测示意图

立柱监测点应布置在立柱受力、变形较大、容易发生差异沉降的部位，例如基坑中部、多根支撑交汇处、地质条件复杂处。逆作法施工时，承担上部结构的立柱应加强监测。立柱监测点不应少于立柱总根数的 5%，逆作法施工的基坑不应少于 10%，且均不应少于 3 根。

4. 围护结构的内力

围护结构的内力监测是防止基坑支护结构发生强度破坏的一种较为可靠的监控措施，可采用安装在结构内部或表面的应变计或应力计进行量测。采用钢筋混凝土材料制作的围护桩，其内力通常是通过测定构件受力钢筋的应力或混凝土的应变，然后根据钢筋与混凝土共同作用、变形协调条件反算得到的，钢构件可采用轴力计或应变计等量测。内力监测值宜考虑温度变化等因素的影响。

5. 支撑轴力

基坑外侧的侧向水土压力由围护墙及支撑体系所承担，当实际支撑轴力与支撑在平衡状态下应能承担的轴力（设计计算轴力）不一致时，将可能引起围护体系失稳。支撑内力的监测多根据支撑杆件采用的不同材料，选择不同的监测方法和监测传感器。对于混凝土支撑杆件，目前主要采用钢筋应力计或混凝土应变计（参见围护结构的内力监测）；对于钢支撑杆件，多采用轴力计（也称为反力计）或表面应变计。

轴力监测点布置应遵循以下原则：

1）监测点宜设置在支撑内力较大或在整个支撑系统中起控制作用的杆件上。

2）每层支撑的内力监测点不应少于3个，各层支撑的监测点位置宜在竖向保持一致。

3）钢支撑的监测截面宜选择在两支点间1/3部位或支撑的端头；混凝土支撑的监测截面宜选择在两支点间1/3的部位，并避开节点位置。

4）每个监测点截面内传感器的设置数量及布置应满足不同传感器测试要求。

6. 锚杆轴力（土钉内力）

监测锚杆轴力（土钉内力）的目的是掌握锚杆轴力或土钉内力的变化，确认其工作性能。由于钢筋束内每根钢筋的初始拉紧程度不一样，所受的拉力与初始拉紧程度关系很大。应采取专用测力计、应力计或应变计，并应在锚杆或土钉预应力施加前安装并取得初始值。锚杆轴力计安装如图12-3所示。

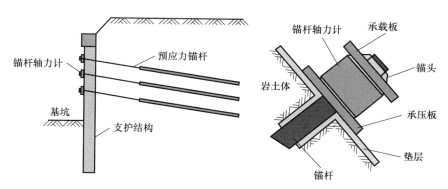

图 12-3 锚杆轴力计安装示意图

锚杆或土钉的内力监测点应选择在受力较大且有代表性的位置，基坑每边中部、阳角处和地质条件复杂的区段宜布置监测点。每层锚杆的内力监测点数量应为该层锚杆总数的1%～3%，且不应少于3根。各层监测点位置在竖向上宜保持一致。每根杆体上的测试点宜设置在锚头附近和受力有代表性的位置。

7. 坑底隆起（回弹）

坑底隆起（回弹）监测点的埋设和施工过程中的保护比较困难，监测点不宜设置过多，以能够测出必要的坑底隆起（回弹）数据为原则，监测剖面数量不应少于2条，同一剖面上监测点数量不应少于 3 个，基坑中部宜设监测点，依据这些监测点绘出的隆起（回弹）断面图可以基本反映出坑底的变形变化规律，如图 12-4 所示。

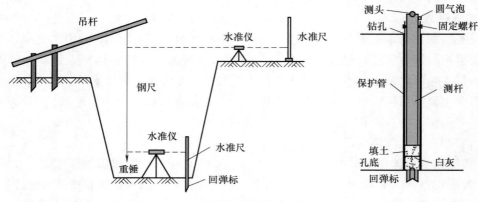

图 12-4　坑底隆起测量示意图

8. 围护墙侧向土压力

侧向水土压力是直接作用在基坑支护体系上的荷载，是支护结构的设计依据，现场量测能够真实地反映各种因素对水土压力的综合影响，因此在工程界都很重视现场实测水土压力数据的收集和分析。

根据土压力计的结构形式和埋设部位的不同，相应的主要埋设方法有挂布法、顶入法、弹入法、插入法、钻孔法等。

9. 孔隙水压力

孔隙水压力探头通常采用钻孔埋设。在埋设点采用钻机钻孔，达到要求的深度或标高后，先在孔底填入部分干净的砂，然后将探头放入，再在探头周围填砂，最后采用膨胀性黏土或干燥黏土球将钻孔上部封好，使得探头测得的是该标高土层的孔隙水压力。

孔隙水压力监测点宜布置在基坑受力、变形较大或有代表性的部位。竖向布置上监测点宜在水压力变化影响深度范围内按土层分布情况布设，竖向间距宜为 2～5m，数量不宜少于3 个。

10. 地下水位

基坑工程地下水位监测包含坑内、坑外水位监测。通过水位监测可以控制基坑工程施工过程中周围地下水位下降的影响范围和程度，防止基坑周边水土流失。地下水位监测点的布置应符合以下要求：

1）基坑内地下水位当采用深井降水时，水位监测点宜布置在基坑中央和两相邻降水井的中间部位；当采用轻型井点、喷射井点降水时，水位监测点宜布置在基坑中央和周边拐角处，监测点数量应视具体情况确定。

2）基坑外地下水位监测点应沿基坑、被保护对象的周边或在基坑与被保护对象之间布置，监测点间距宜为 20～50m。相邻建筑、重要的管线或管线密集处应布置水位监测点；当有止水帷幕时，宜布置在止水帷幕的外侧约 2m 处。

3）水位监测管的管底埋置深度应在最低设计水位或最低允许地下水位之下 3～5m。承压水水位监测管的滤管应埋置在所测的承压含水层中。

4）回灌井点监测井应设置在回灌井点与被保护对象之间。

5）承压水的监测孔埋设深度应保证能反映承压水水位的变化，一般承压降水井可以兼作水位监测井。

11. 周边建筑物沉降

基坑工程的施工会引起周围地表的下沉，从而导致地面建筑物的沉降，这种沉降一般都是不均匀的，因此将造成地面建筑物的倾斜，甚至开裂破坏，应严格控制。根据规范，建筑物变形监测需进行沉降、倾斜、裂缝三种监测。建筑物监测点直接用电锤在建筑物外侧桩体上打洞，并将膨胀螺栓或道钉打入，或利用其既有沉降监测点。

12. 周边管线监测

深基坑开挖引起周围地层移动，埋设于地下的管线也随之移动。如果管线的变位过大或不均，将使管线挠曲变形而产生附加变形及应力，若在允许范围内，则保持正常使用，否则将导致泄漏、通信中断、管道断裂等恶性事故。为安全起见，在施工过程中，应根据地层条件和既有管线种类、形式及其使用年限，制定合理的控制标准，以保证施工影响范围内既有管线的安全和正常使用。

管线的监测分为直接法和间接法。当采用直接法时，常用的测点设置方法有抱箍式和套管式（见图 12-5）。

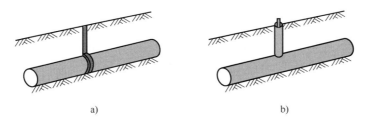

a)   b)

图 12-5　直接法测管线变形

a）抱箍式埋设方案　b）套筒式埋设方案

■ 12.3　监测方案设计原则

由于监测方案对基坑设计、施工和使用都起着相当重要的作用，因此基坑监测方案应综合分析各种有关资料和信息进行精心设计。方案设计的原则如下：

1. 可靠性

可靠性原则是监测设计中所要考虑的最重要的原则。为此系统需采用可靠的仪器设备，并应在监测期间保护好测点。

2. 多层次

1）在监测对象上以位移为主，但也考虑其他物理量监测。

2）在监测方法上以仪器监测为主，并辅以目测巡视的方法。

3）在监测仪器选型上以机测式仪器为主，并辅以电测式仪器。

4）为保证监测的可靠性，监测系统应采用多种原理不同的方法和仪器。

5）考虑分别在地表、基坑土体内部及邻近受影响建筑物与设施内布点，以形成具有一定的测点覆盖率的监测网。

3. 重点监测关键区

将易出问题的且一旦出问题将会造成很大损失的部位列为关键区进行重点监测，并尽早实施。

4. 方便实用

为减少监测与施工之间的相互干扰，监测系统的安装和测读应尽可能做到方便实用。

5. 经济合理

在系统设计时应尽可能选用实用且价廉的仪器，以降低监测费用。

6. 以位移为主

变形监测是基坑监测的主要手段，也是变形破坏判断的基本依据。

7. 整体控制

保证监测系统对整个基坑的覆盖。

8. 遵照工程需要

监测系统的布置要充分考虑工程的特点和工程施工对基坑的要求。

 习　　题

1. 一级基坑监测内容中，哪些是属于必测项？
2. 二级基坑中，围护墙变形监测频率如何确定？
3. 坑底隆起应如何监测？
4. 监测过程中变形值超标该如何处理？
5. 监测支撑轴力的主要设备是什么？
6. 有哪些邻近基坑的设施需要进行监测？

参 考 文 献

［1］ CAI F, UGAI K, HAGIWARA T. Base stability of circular excavations in soft clay ［J］. Journal of Geotechnical and Geoenvironmental Engineering, 2002, 128 (8): 702-706.

［2］ CHANG M F. Basal stability analysis of braced cuts in clay ［J］. Journal of Geotechnical and Geoenvironmental Engineering, 2000, 126 (3): 276-279.

［3］ DUNCAN, J M. State of the art: Limit equilibrium and finite element analysis of slopes ［J］. Journal of Geotechnical Engineering, 1996, 122 (7): 577-596.

［4］ DONALD I B, CHEN Z Y. Slope stability analysis by the upper bound approach: fundamentals and methods ［J］. Canadian Geotechnical Journal, 1997, 34 (6): 853-862.

［5］ GRIFFITHS D V, LANE P A. Slope stability analysis by finite elements ［J］. Geotechnique, 1999, 49 (3): 387-403.

［6］ HASHASH Y M A, WHITTLE A J. Ground movement prediction for deep excavations in soft clay ［J］. Journal of Geotechnical and Geoenvironmental Engineering, 1996, 122 (6): 474-486.

［7］ MICHALOWSKI R L. Slope stability analysis: a kinematical approach ［J］. Geotechnique, 1995, 45 (2): 283-293.

［8］ SLOAN S W. Lower bound limit analysis using finite elements and linear programming ［J］. International Journal for Numerical and Analytical Methods in Geomechanics, 1988, 12: 61-77.

［9］ SLOAN S W. Upper bound limit analysis using finite elements and linear programming ［J］. International Journal for Numerical and Analytical Methods in Geomechanics, 1989, 13: 263-282.

［10］ SLOAN S W, KLEEMAN P W. Upper bound limit analysis using discontinuous velocity fields ［J］. Computer Methods in Applied Mechanics and Engineering, 1995, 127: 293-314.

［11］ UKRITCHON B, WHITTLE A J, SLOAN S W. Undrained stability of braced excavations in clay ［J］. Journal of Geotechnical and Geoenvironmental Engineering, 2003, 129 (8): 739-755.

［12］ YU H S, SALGADO R, SLOAN S W, et al. Limit analysis versus limit equilibrium for slope stability ［J］. Journal of Geotechnical and Geoenvironmental Engineering, 1998, 124 (1): 1-11.

［13］陈肇元,崔京浩. 土钉支护在基坑工程中的应用 ［M］. 2版. 北京:中国建筑工业出版社, 2000.

［14］程良奎,杨志银. 喷射混凝土与土钉墙 ［M］. 北京:中国建筑工业出版社, 1998.

［15］曾宪明,黄久松,王作民,等. 土钉支护设计与施工手册 ［M］. 北京:中国建筑工业出版社, 2000.

［16］程良奎,李象范. 岩土锚固·土钉·喷射混凝土:原理设计与应用 ［M］. 北京:中国建筑工业出版社, 2008.

［17］程良奎,范景伦,韩军. 岩土锚固 ［M］. 北京:中国建筑工业出版社, 2003.

［18］陈利洲,庄平辉,何之民. 复合型土钉墙支护与土钉墙的变形比较 ［J］. 施工技术, 2001, 30 (1): 26-27.

［19］蔡伟铭,周志道. 软土地基（10m以内）深基坑（槽）支挡技术和新方法研究 ［R］. 上海:同济大学建筑设计研究院有限公司, 1996.

［20］蔡伟铭,陈友文. 拱形水泥土支护结构在马钢料槽开挖中的应用 ［J］. 工业建筑, 1995, 25 (9): 14-18.

［21］蔡伟铭. 基坑（深度小于10m）支护结构设计与施工中的若干问题 ［J］. 上海建设科技, 1995 (2): 23-25.

［22］曹剑峰，迟宝明，王文科. 专门水文地质学 ［M］. 3 版. 北京：科学出版社，2006.

［23］《工程地质手册》编委会. 工程地质手册 ［M］. 5 版. 北京：中国建筑工业出版社，2018.

［24］陈幼雄. 井点降水设计与施工 ［M］. 上海：上海科学普及出版社，2004.

［25］龚晓南. 地基处理手册 ［M］. 3 版. 北京：中国建筑工业出版社，2008.

［26］戴运祥. 斜拉土层锚杆的群锚效应 ［D］. 上海：同济大学，1993.

［27］李寻昌，门玉明，王娟娟. 锚杆抗滑桩体系的群桩、群锚效应研究现状分析 ［J］. 公路交通科技，2005，22 （9）：52-55.

［28］付文光，张兴杰. 冲孔水泥土桩止水帷幕在某基坑工程中的应用 ［J］. 岩土工程学报，2008，30 （S1）：523-525.

［29］冯申铎，杨志银，王凯旭，等. 超深复杂基坑复合土钉墙技术的成功应用 ［J］. 工业建筑，2004 （z2）：229-235.

［30］冯晓腊，熊文林，胡涛，等. 三维水-土耦合模型在深基坑降水计算中的应用 ［J］. 岩石力学与工程学报，2005，24 （7）：1196-1202.

［31］范敬飞. 软地层中土层锚杆的群锚效应 ［D］. 上海：同济大学，1990.

［32］中华人民共和国建设部. 供水水文地质勘察规范：GB 50027—2001 ［S］. 北京：中国计划出版社，2001.

［33］中华人民共和国住房和城乡建设部. 管井技术规范：GB 50296—2014 ［S］. 北京：中国计划出版社，2014.

［34］郭红仙，宋二祥，陈肇元. 季节冻土对土钉支护的影响 ［J］. 工程勘察，2006 （2）：1-6.

［35］龚晓南. 地基处理手册 ［M］. 2 版. 北京：中国建筑工业出版社，2000.

［36］胡展飞. 降水预压改良坑底饱和软土的理论分析与工程实践 ［J］. 岩土工程学报，1998，20 （3）：27-30.

［37］胡琦，陈彧，柯瀚，等. 深基坑工程中的咬合桩受力变形分析 ［J］. 岩土力学，2008，29 （8）：2144-2148.

［38］黄茂松，宋晓宇，秦会来. K_0 固结黏土基坑抗隆起稳定性上限分析 ［J］. 岩土工程学报，2008，30 （2）：250-255.

［39］侯学渊，杨敏. 软土地基变形控制设计理论和工程实践 ［C］. 上海：同济大学出版社，1996.

［40］贾立宏. 土钉支护系统稳定性理论与数值研究 ［R］. 北京：中航勘察设计研究院，1998.

［41］刘建航，侯学渊. 基坑工程手册 ［M］. 北京：中国建筑工业出版社，1997.

［42］刘国彬，王卫东. 基坑工程手册 ［M］. 2 版. 北京：中国建筑工业出版社，2009.

［43］刘金龙，栾茂田，赵少飞，等. 关于强度折减有限元方法中边坡失稳判据的讨论 ［J］. 岩土力学，2005，26 （8）：1345-1348.

［44］吕庆，孙红月，尚岳全. 强度折减有限元法中边坡失稳判据的研究 ［J］. 浙江大学学报 （工学版），2008，42 （1）：83-87.

［45］骆祖江，李朗，曹惠宾，等. 复合含水层地区深基坑降水三维渗流场数值模拟：以上海环球金融中心基坑降水为例 ［J］. 工程地质学报，2006 （1）：72-77.

［46］骆祖江，刘昌军，瞿成松，等. 深基坑降水疏干过程中三维渗流场数值模拟研究 ［J］. 水文地质工程地质，2005 （5）48-53.

［47］林宗元. 岩土工程治理手册 ［M］. 北京：中国建筑工业出版社，2005.

［48］李象范，尹骥，许峻峰，等. 基坑工程中复合土钉支护 （墙）受力机理及发展 ［J］. 工业建筑，2004 （z2）：45-52.

［49］李海深. 复合型土钉支护工作性能的研究 ［D］. 长沙：湖南大学，2004.

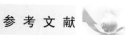

[50] 李厚恩，秦四清. 预应力锚索复合土钉支护的现场测试研究 [J]. 工程地质学报，2008，16（3）：106-113.

[51] 廖少明，周学领，宋博，等. 咬合桩支护结构的抗弯承载特性研究 [J]. 岩土工程学报，2008，30（1）：72-78.

[52] 美国联邦公路总局. 土钉墙设计施工与监测手册 [M]. 余诗刚，译. 北京：中国科学技术出版社，2000.

[53] 缪俊发，吴林高. 抽水与注水引起的变形机理 [J]. 上海地质，1996（1）：10-15.

[54] 缪俊发，吴林高. 抽水与注水引起的土层变形特征及其应力应变本构律 [J]. 军工勘察，1994（3）：37-42.

[55] 缪俊发，吴林高，王璋群. 大型深井点降水引起地面沉降的研究 [J]. 岩土工程学报，1991，13（3）：60-64.

[56] 莫暖娇，何之民，陈利洲. 土钉墙模型试验分析 [J]. 上海地质，1999（3）：47-49.

[57] 中华人民共和国住房和城乡建设部. 建筑基坑支护技术规程：JGJ 120—2012 [S]. 北京：中国建筑工业出版社，2012.

[58] 中华人民共和国住房和城乡建设部. 建筑与市政工程地下水控制技术规范：JGJ 111—2016 [S]. 北京：中国建筑工业出版社，2016.

[59] 宋二祥，高翔，邱玥. 基坑土钉支护安全系数的强度参数折减有限元方法 [J]. 岩土工程学报，2005，27（3）：258-263.

[60] 史佩栋，高大钊，桂业琨. 高层建筑基础工程手册 [M]. 北京：中国建筑工业出版社，2000.

[61] 孙更生，郑大同. 软土地基与地下工程 [M]. 北京：中国建筑工业出版社，1984.

[62] 孙剑平，魏焕卫，刘绪峰. 复合土钉墙变形规律的实测分析 [J]. 岩土工程学报，2008，30（S1）：479-483.

[63] 司马军，刘祖德，徐书平. 加筋水泥土墙复合土钉支护的现场测试研究 [J]. 岩土力学，2007，28（2）：371-375.

[64] 上海市建筑施工行业协会工程质量安全专业委员会. 围护结构工程质量竣工资料实例 [M]. 上海：同济大学出版社，2006.

[65] 石振华，李传尧. 城市地下水工程与管理手册 [M]. 北京：中国建筑工业出版社，1993.

[66] 苏自约，陈谦，徐祯祥，等. 锚固技术在岩土工程中的应用 [C]. 北京：人民交通出版社，2006.

[67] 屠毓敏，金志玉. 基于土拱效应的土钉支护结构稳定性分析 [J]. 岩土工程学报，2005，27（7）：792-795.

[68] 吴忠诚. 疏排桩-土钉墙组合支护技术及变形特性研究 [D]. 广州：中山大学，2007.

[69] 吴邦颖，张师德，陈绪禄，等. 软土地基处理 [M]. 北京：中国铁道出版社，1995.

[70] 吴林高. 工程降水设计施工与基坑渗流理论 [M]. 北京：人民交通出版社，2003.

[71] 薛禹群. 地下水动力学原理 [M]. 北京：地质出版社，1986.

[72] 肖昭然，李象范，侯学渊. 岩土锚固工程技术 [M]. 北京：人民交通出版社，1996.

[73] 阎明礼. 地基处理技术 [M]. 北京：中国环境科学出版社，1996.

[74] 闫莫明，徐祯祥，苏自约. 岩土锚固技术手册 [M]. 北京：人民交通出版社，2004.

[75] 杨志银，张俊，王凯旭. 复合土钉墙技术的研究及应用 [J]. 岩土工程学报，2005，27（2）：153-156.

[76] 杨茜，张明聚，孙铁成. 软弱土层复合土钉支护试验研究 [J]. 岩土力学，2004，25（9）：1401-1408.

[77] 尹骥，管飞，许峻峰. 复合土钉支护稳定性计算方法与边坡裂缝关系的探讨 [J]. 岩土工程界，

2004，7（4）：50-54.

[78] 姚天强，石振华. 基坑降水手册［M］. 北京：中国建筑工业出版社，2006.

[79] 赵杰，邵龙潭. 深基坑土钉支护的有限元数值模拟及稳定性分析［J］. 岩土力学，2008，29（4）：983-988.

[80] 郑颖人，赵尚毅. 有限元强度折减法在土坡与岩坡中的应用［J］. 岩石力学与工程学报，2004，23（19）：3381-3388.

[81] 郑颖人，赵尚毅，孔位学，等. 极限分析有限元法讲座：I 岩土工程极限分析有限元法［J］. 岩土力学，2005，26（1）：163-168.

[82] 朱彦鹏，俞木兵，章凯. 土钉失效的三维有限元分析［J］. 岩土工程学报，2008，30（S1）：134-137.

[83] 郑颖人. 地下工程锚喷支护设计指南［M］. 北京：中国铁道出版社，1988.

[84] 张育芗，等. 供水管井设计施工指南［M］. 北京：中国建筑工业出版社，1984.

[85] 张明聚. 土钉支护工作性能的研究［D］. 北京：清华大学，2000.

[86] 赵志缙. 简明深基坑工程设计施工手册［M］. 北京：中国建筑工业出版社，2000.

[87] 朱恒银，张文生，王玉贤. 控制地面沉降回灌井施工技术研究［J］. 探矿工程，2005（增刊）：200-205.

[88] 郑刚，颜志雄，雷华阳，等. 基坑开挖对临近桩基影响的实测及有限元数值模拟分析［J］. 岩土工程学报，2007，29（5）：638-643.

[89] 郑刚，李欣，刘畅，等. 考虑桩土相互作用的双排桩分析［J］. 建筑结构学报，2004，25（1）：99-106.